AF474736

LE

VIGNOLE DES MÉCANICIENS

ESSAI

SUR LA CONSTRUCTION DES MACHINES

ÉTUDES DES ÉLÉMENTS QUI LES CONSTITUENT

TYPES ET PROPORTIONS DES ORGANES QUI COMPOSENT LES MOTEURS, LES TRANSMISSIONS DE MOUVEMENT ET AUTRES MÉCANISMES

PAR **ARMENGAUD** AINÉ

INGÉNIEUR

ANCIEN PROFESSEUR AU CONSERVATOIRE IMPÉRIAL DES ARTS ET MÉTIERS

CHEVALIER DE LA LÉGION D'HONNEUR

ATLAS

PARIS

A. MOREL ET Cie, LIBRAIRES-ÉDITEURS

RUE BONAPARTE, 13

1863

PROPORTIONS DES VIS, BOULONS ET ÉCROUS.

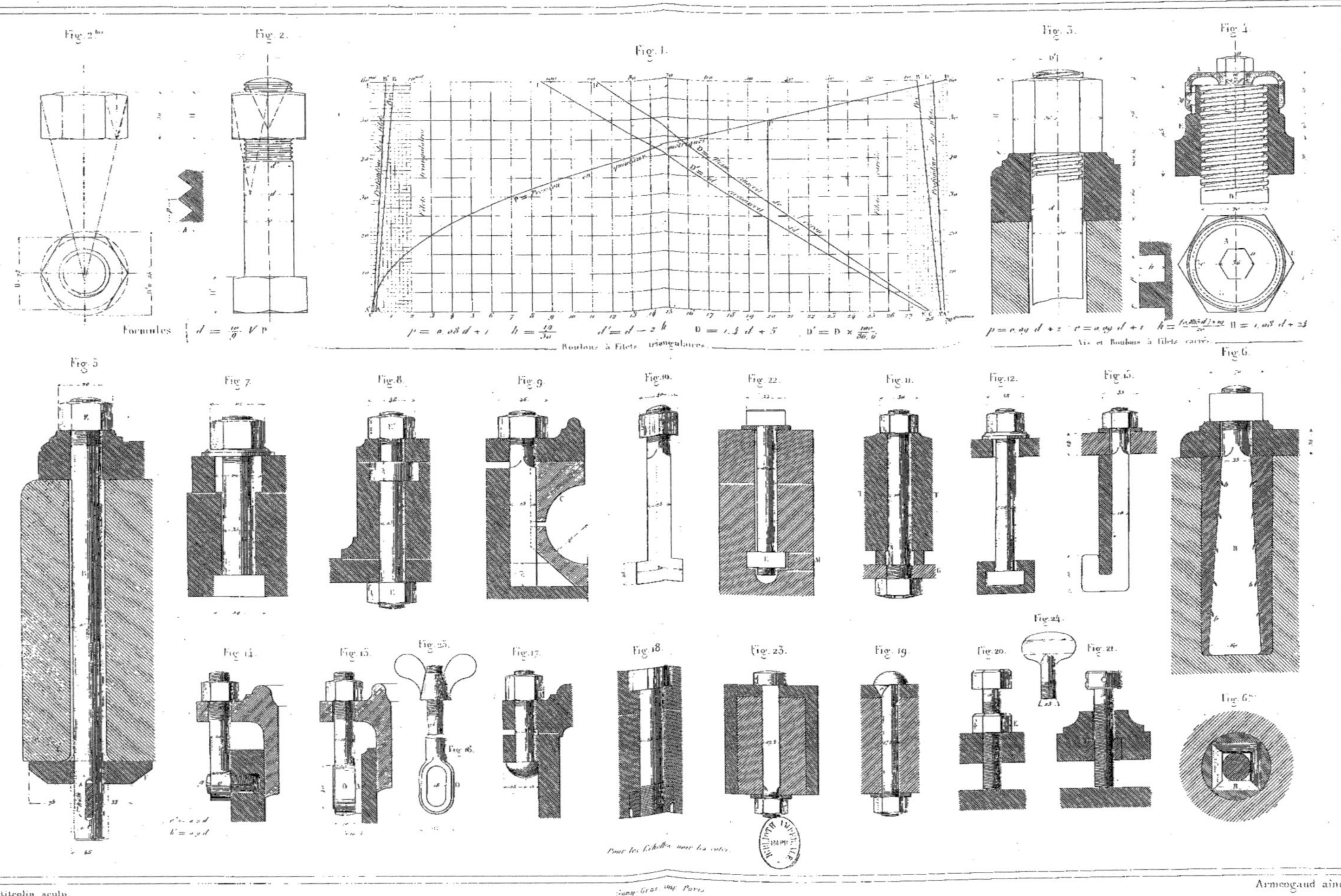

J. Petitcolin sculp. Armengaud aîné.

VIS A BOIS, TIREFONDS ET VIS DE BLINDAGE.

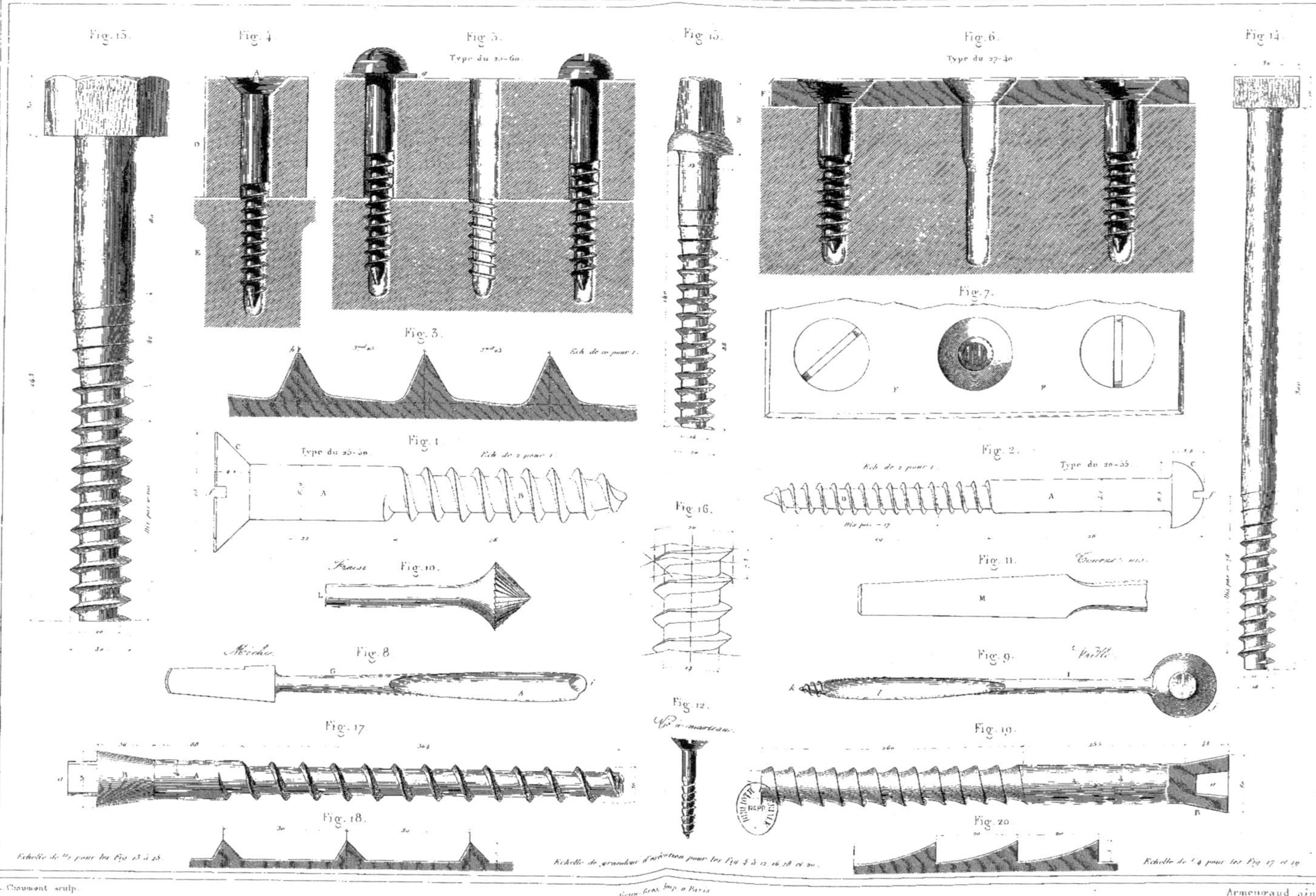

L. Chaumont sculp. — Armengaud aîné.

PROPORTIONS DES TÔLES ET RIVETS POUR CHAUDIÈRES.

J. Petitcolin sculp.

Geny Gros, imp. Paris.

Armengaud aîné.

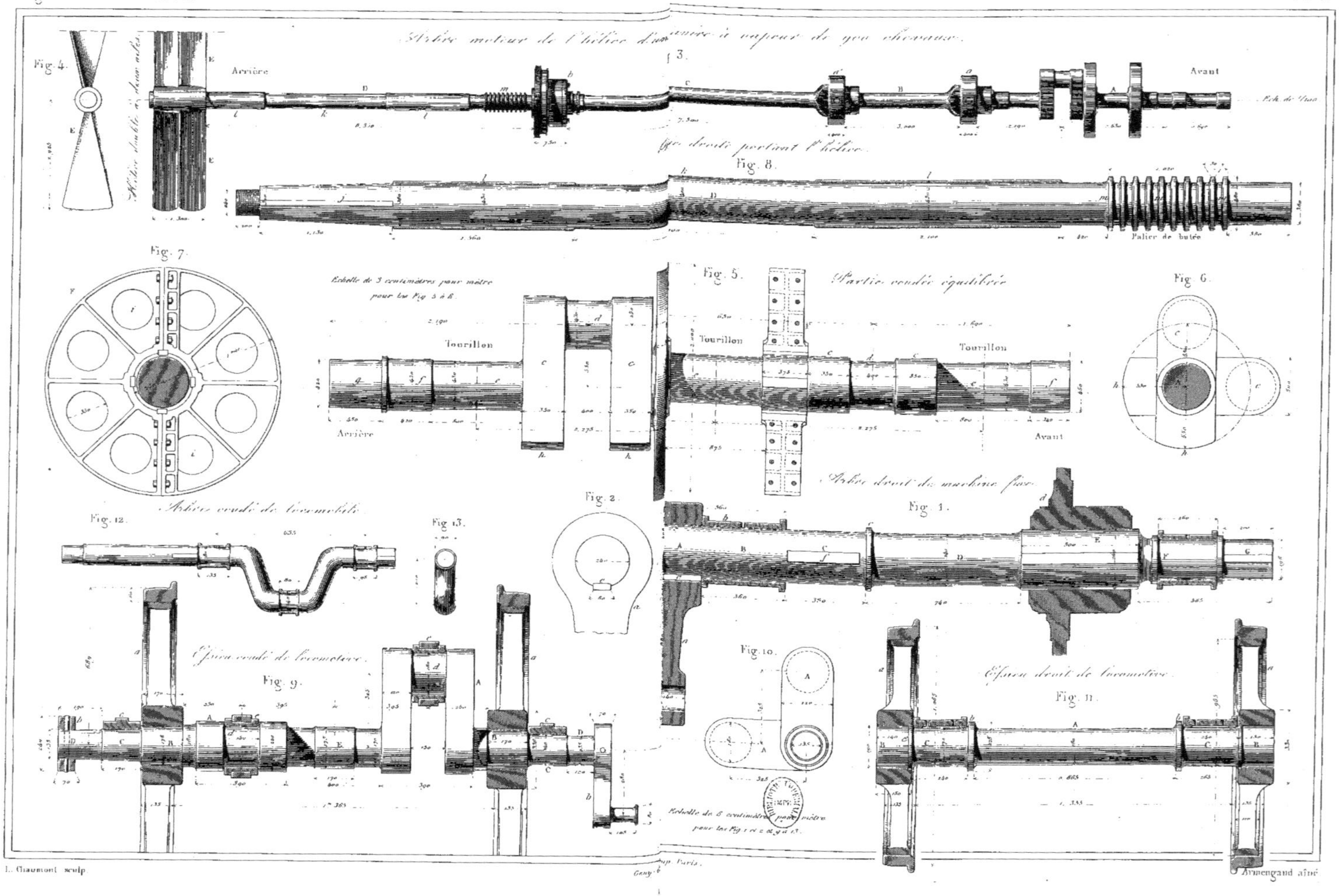

Arbre moteur de l'hélice d'un navire à vapeur de 400 chevaux.
Fig. 3.
Fig. 4.
Hélice double à deux ailes.
Arrière
Avant
Éch. de 1/100
Axe droit portant l'hélice.
Fig. 8.
Palier de butée
Fig. 7.
Échelle de 3 centimètres pour mètre pour les Fig. 3 à 8.
Tourillon
Arrière
Fig. 5.
Partie coudée équilibrée.
Tourillon
Avant
Fig. 6.
Arbre droit de machine fixe.
Fig. 1.
Fig. 2.
Arbre coudé de locomobile.
Fig. 12.
Fig. 13.
Essieu coudé de locomotive.
Fig. 9.
Fig. 10.
Essieu droit de locomotive.
Fig. 11.
Échelle de 5 centimètres pour mètre pour les Fig. 1 et 2 et 9 à 13.

PROPORTIONS ET EXÉCUTION D.S ARBRES EN FONTE ET EN BOIS.

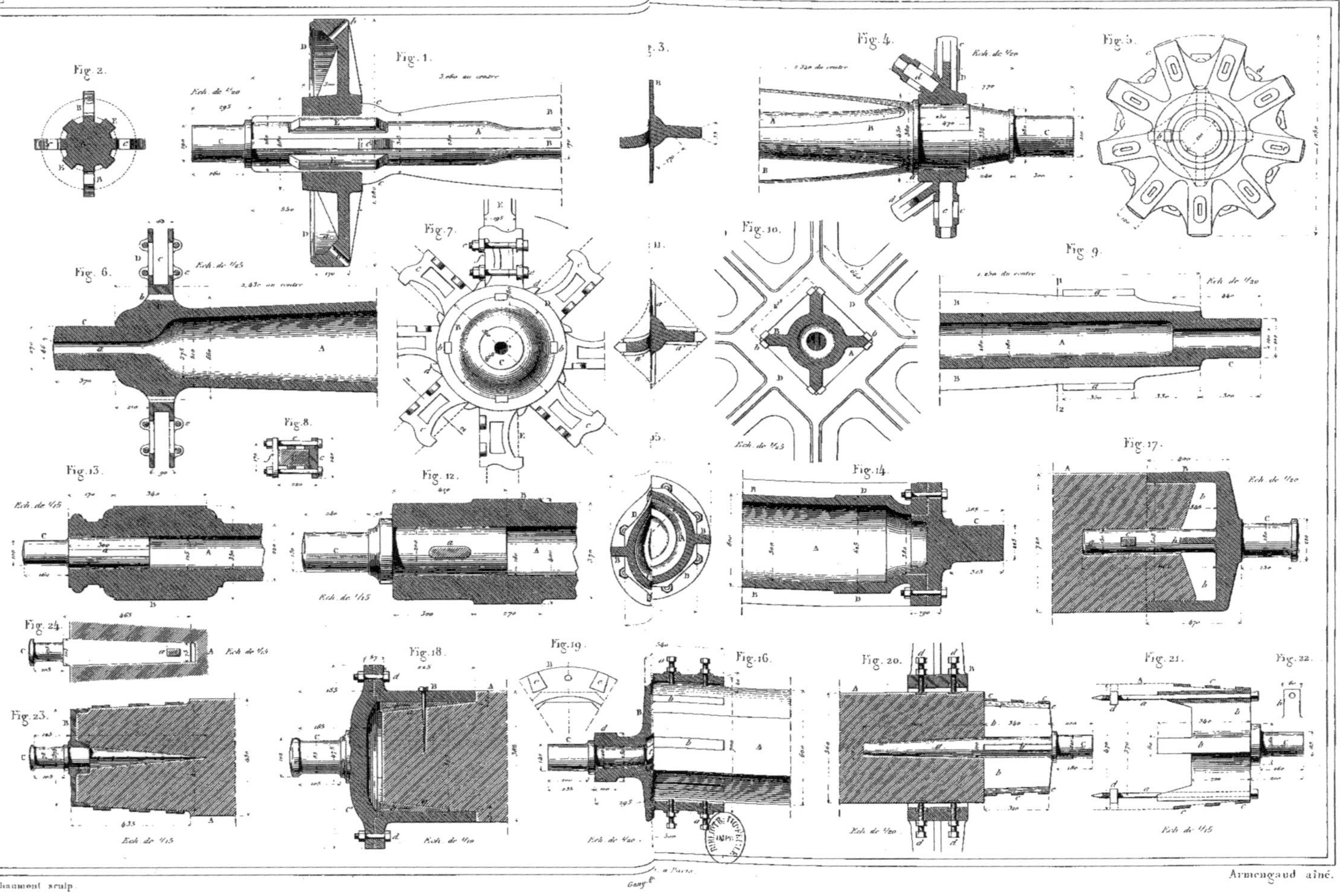

I. Chaumont sculp.

Armengaud aîné.

PROPORTIONS DES PIVOTS ET CRAPAUDINES.

Fig. 8. Fig. 11. Fig. 10. Fig. 9. Fig. A. Fig. 12. Fig. 13.

Fig. 21. Fig. 1. Fig. 19.

Fig. 17. Fig. 16. Fig. 5. Fig. 3. Fig. 7. Fig. 20.

Fig. 2. Fig. 22. Fig. 14.

Fig. 18. Fig. 15. Fig. 6. Fig. 4.

PROPORTIONS DES PIVOTS ET CRAPAUDINES.

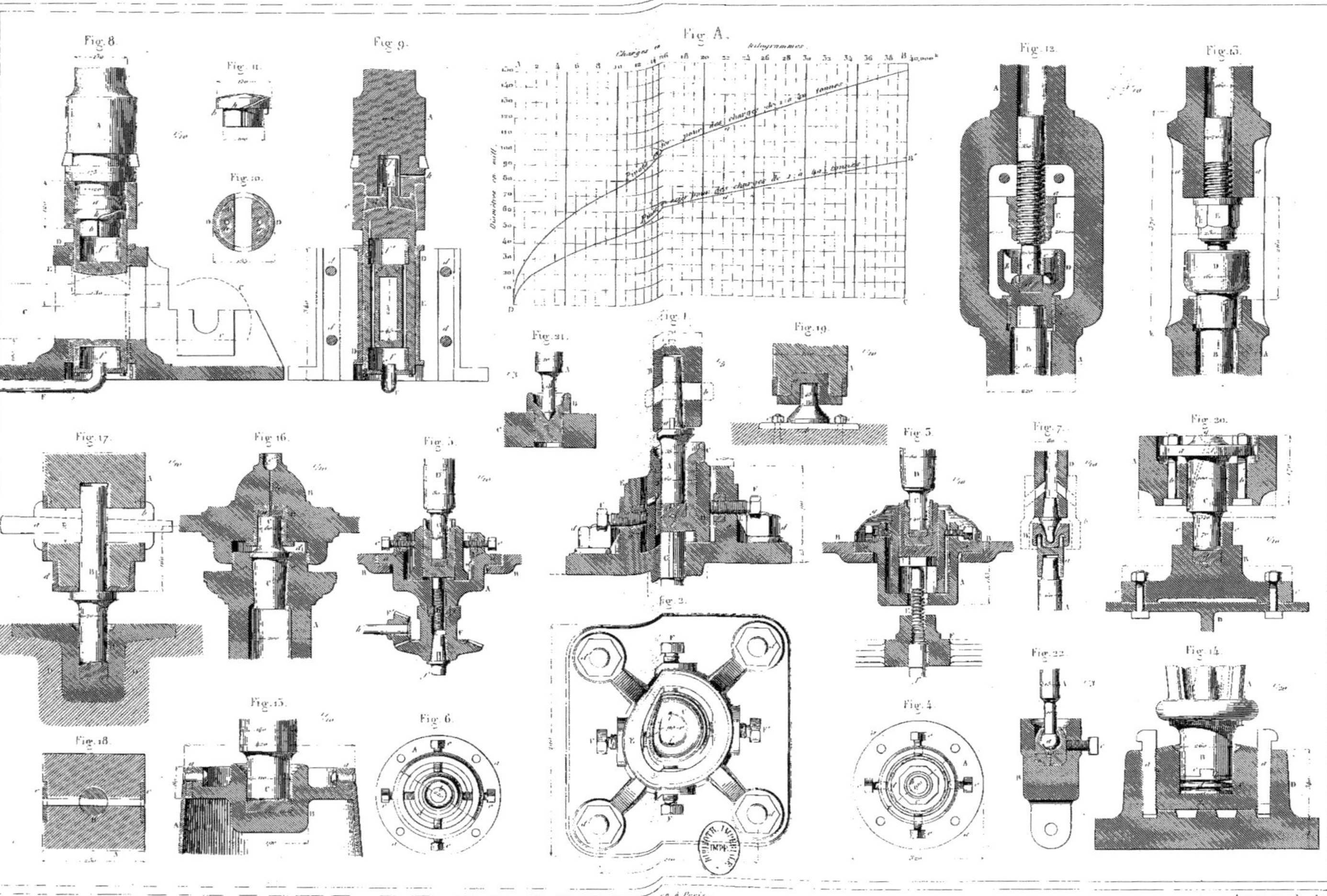

J. Petitcolin et L. Chaumont sculp.

Armengaud aîné.

ARBRES VERTICAUX OU PIVOTS DE GRUES, EN BOIS ET EN MÉTAL.

Fig. 1. Charge = 6000 k.

Fig. 2.

Ech. de 1/20

Fig. 3.

Fig. 4.

Charge = 3000 k.

Fig. 5. Charge = 10000 k. Ech. de 1/30

Fig. 6.

Fig. 7.

Fig. 8. Charge = 15000 k. Echelle de 1/40

Fig. 9 Coupe suivant 1–2.

Fig. 10. Coupe 3–4.

Fig. 11. Coupe suivt. 5–6.

Fig. 12. Coupe suivant 7–8.

Fig. 13. Charge = 20000 k.

Fig. 14. Ech. de 1/40

Fig. 15.

ASSEMBLAGES D'ARBRES — MANCHONS FIXES.

Fig. 2. Fig. 3. Fig. 1. Fig. 4. Fig. 5. Fig. 24. Fig. 25.

Fig. 7. Fig. 8. Fig. 9. Fig. 10. Fig. 6.

Fig. 17. Fig. 18. Fig. 19. Fig. 13. Fig. 12. Fig. 11.

Fig. 14. Fig. 15. Fig. 16. Fig. 22. Fig. 21. Fig. 20.

L. Chaumont sculp.

Armengaud aîné.

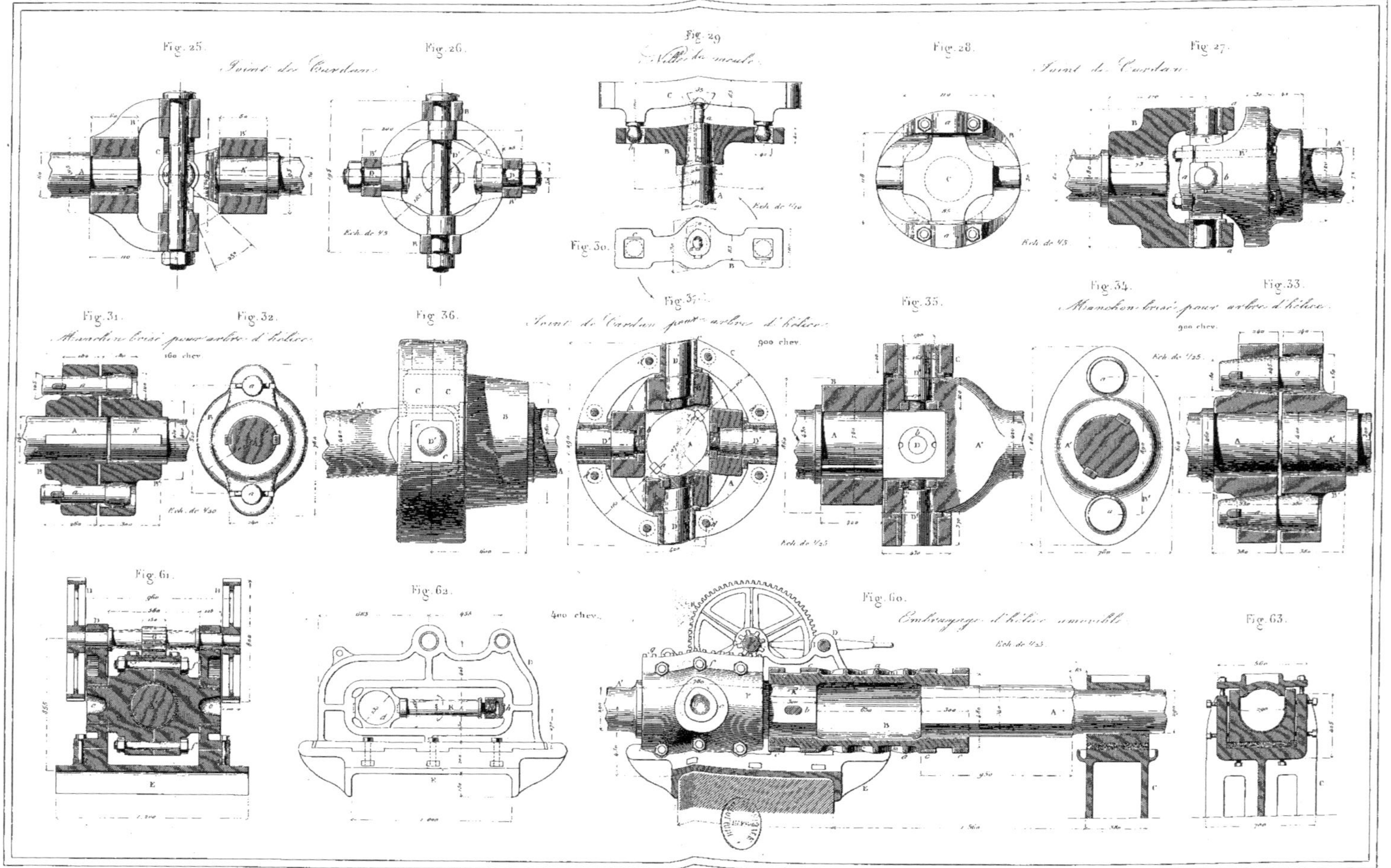
Fig. 25.
Joint de Cardan.
Fig. 26.
Ech. de 1/3
Fig. 29
Ville de moule
Ech. de 1/10
Fig. 30.
Fig. 28.
Fig. 27.
Joint de Cardan.
Ech. de 1/3
Fig. 31.
Manchon brisé pour arbre d'hélice.
160 chev.
Ech. de 1/30
Fig. 32.
Fig. 36.
Fig. 37.
Joint de Cardan pour arbre d'hélice.
900 chev.
Fig. 35.
Ech. de 1/25
Fig. 34.
Fig. 33.
Manchon brisé pour arbre d'hélice.
900 chev.
Ech. de 1/25
Fig. 61.
Fig. 62.
400 chev.
Fig. 60.
Embrayage d'hélice amovible.
Ech. de 1/25
Fig. 63.

L. Chaumont sculp. Armengaud aîné.

Geny Gros imp. Paris.

Fig. 38. Embrayage simple à griffes. Ech. de 1/8

Fig. 39.

Fig. 42. Embrayage à griffes sur pignon calé. Fig. 43. Ech. de 6e p. mèt.

Embrayage double à griffes sur roue folle. Ech. de 1/10. Fig. 44.

Fig. 50. Embrayage d'hélice affolée. 160 chev. Fig. 49. Ech. de 1/20

Ech. de 1/5. Fig. 48. Changement de marche.

Fig. 59. Embrayage d'hélice amovible. 900 chevaux. Fig. 58. Ech. de 1/30

Fig. 64. Embrayage par friction à pression constante. Ech. de 1/30. 25 chev.

Fig. 57. Embrayage d'hélice affolée. 900 chevaux. Ech. de 1/30

Fig. 56.

Fig. 55. Ech. de 1/15

Embrayage simple à griffes sur pignon fou. Fig. 45. Ech. de 1/15

ASSEMBLAGES D'ARBRES — EMBRAYAGES.

Fig. 40. Ensemble d'embrayage à griffes.

Fig. 41. Ech. de 1/10.

Fig. 51. Fig. 54. Fig. 52. Jonction des moteurs.

Fig. 53. Ech. de 1/12.

Fig. 65.

Fig. 69. Embrayage par friction à cônes renversés. Ech. de 1/8.

Fig. 71.

Fig. 70. Embrayage et changement de marche par plateaux à friction. Echelle de 1/10.

Fig. 68. Embrayage par friction et à ressort. Ech. de 1/10.

Embrayage par friction à pression arbitraire. Echelle de 1/15.

Fig. 66.

Fig. 67. Ech. de 1/8.

Fig. 47.

Fig. 46. Embrayage des cylindres d'un métier Self-acting. Ech. de 1/4.

PROPORTIONS DES PALIERS, COUSSINETS ET BOITARDS.

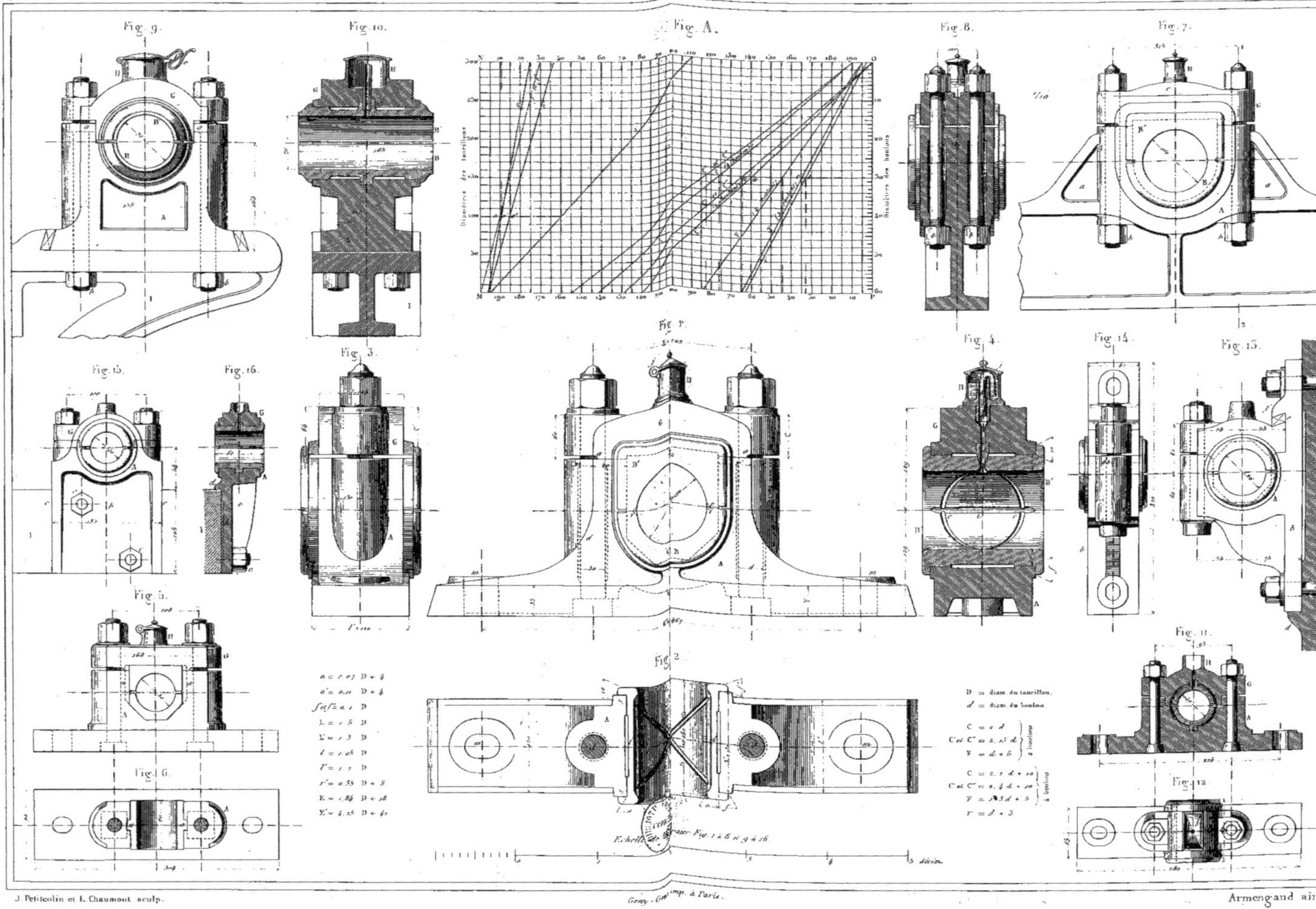

PROPORTIONS DES PALIERS, COUSSINETS ET BOITARDS.

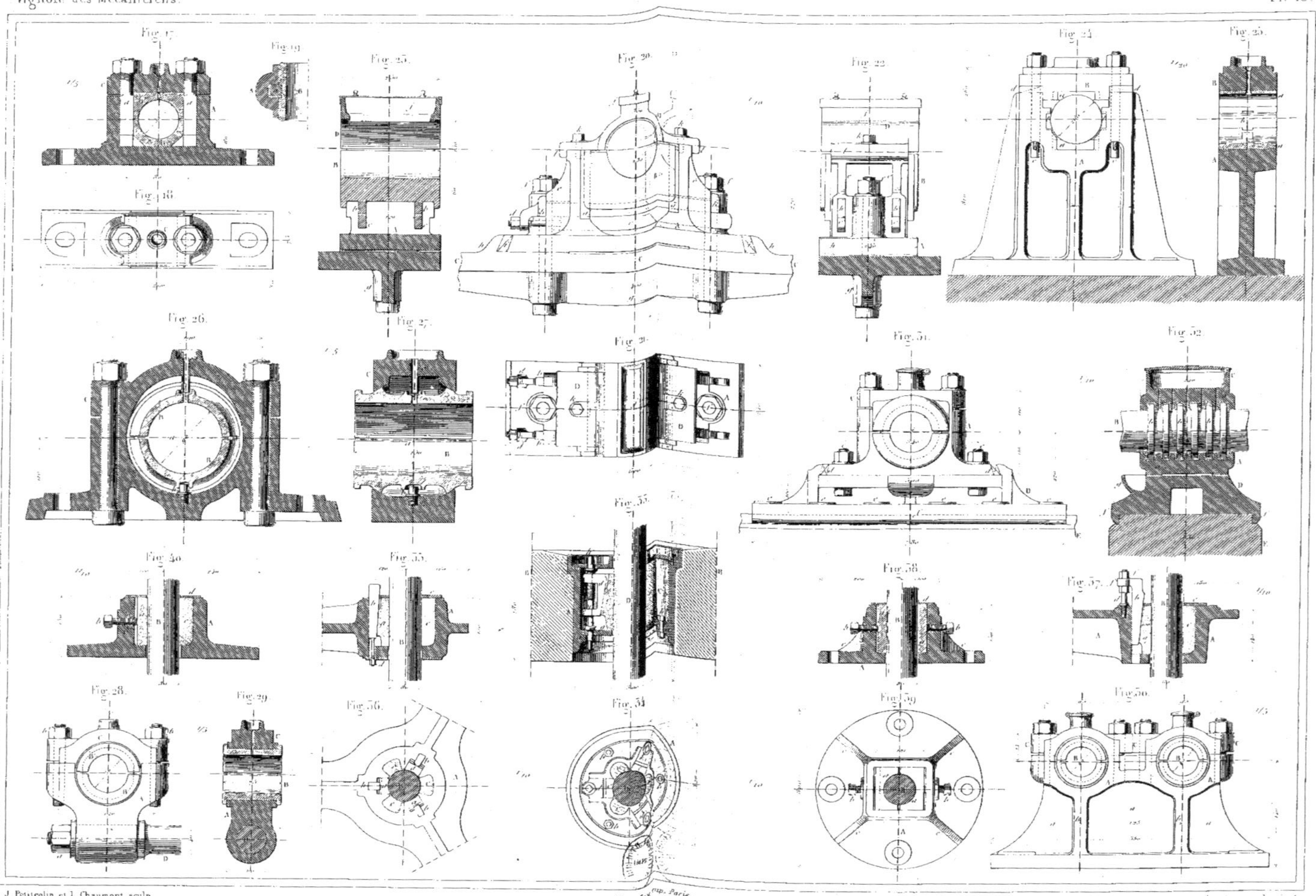

J. Petitcolin et L. Chaumont sculp.

Geny-Gros imp. Paris.

Armengaud aîné

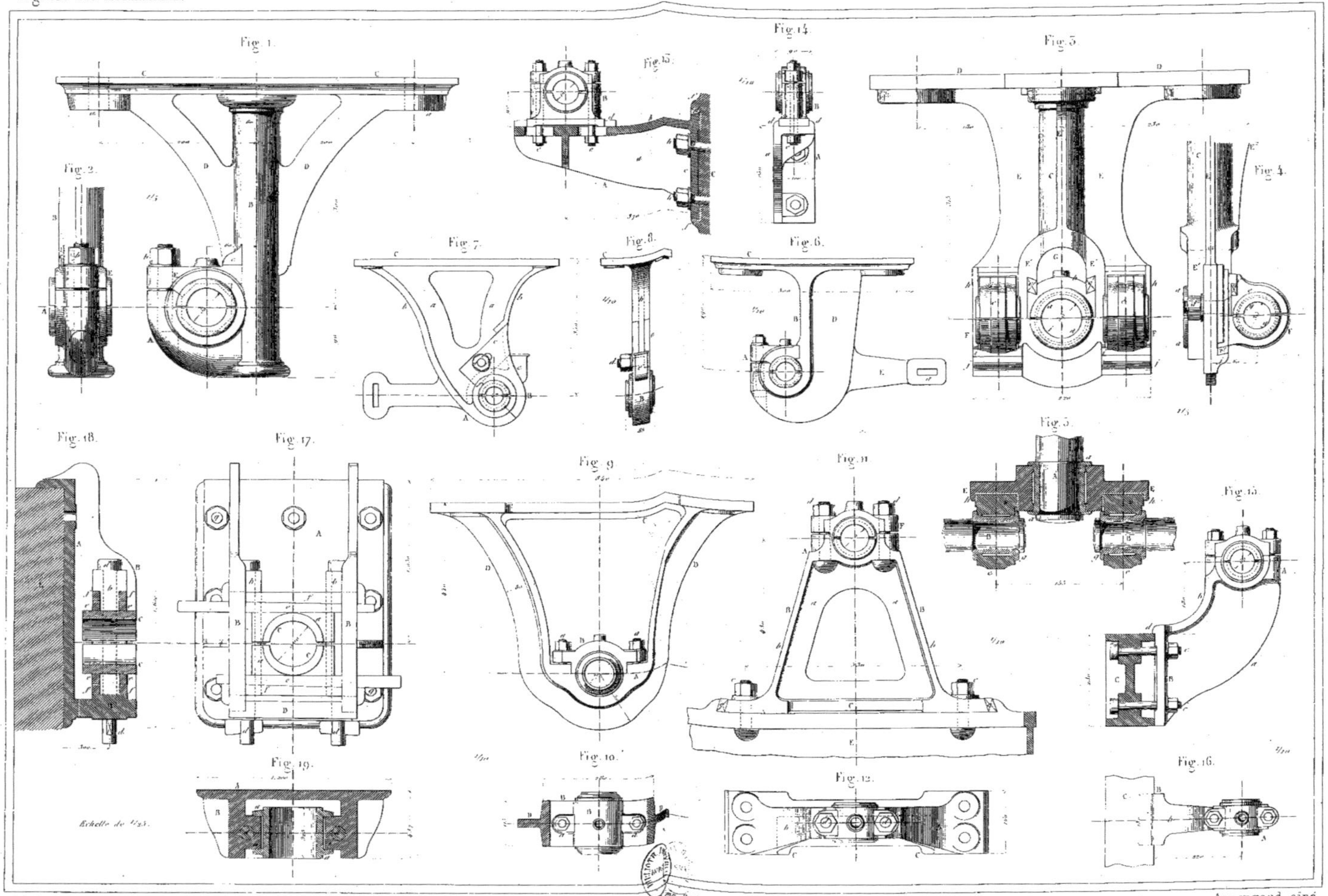

CHAISES ET SUPPORTS.

Fig. 1. Fig. 2. Fig. 3. Fig. 4. Fig. 5. Fig. 6. Fig. 7. Fig. 8. Fig. 9. Fig. 10. Fig. 11. Fig. 12. Fig. 13. Fig. 14. Fig. 15. Fig. 16. Fig. 17. Fig. 18. Fig. 19.

Echelle de 1/25.

J. Petitcolin et L. Chaumont sculp.

Armengaud ainé.

PALIERS GRAISSEURS

J. Petitcolin et I. Chaumont sculp. Gray-Grel Imp. à Paris Armengaud aîné.

PROPORTIONS ET CONSTRUCTION DES ENGRENAGES.

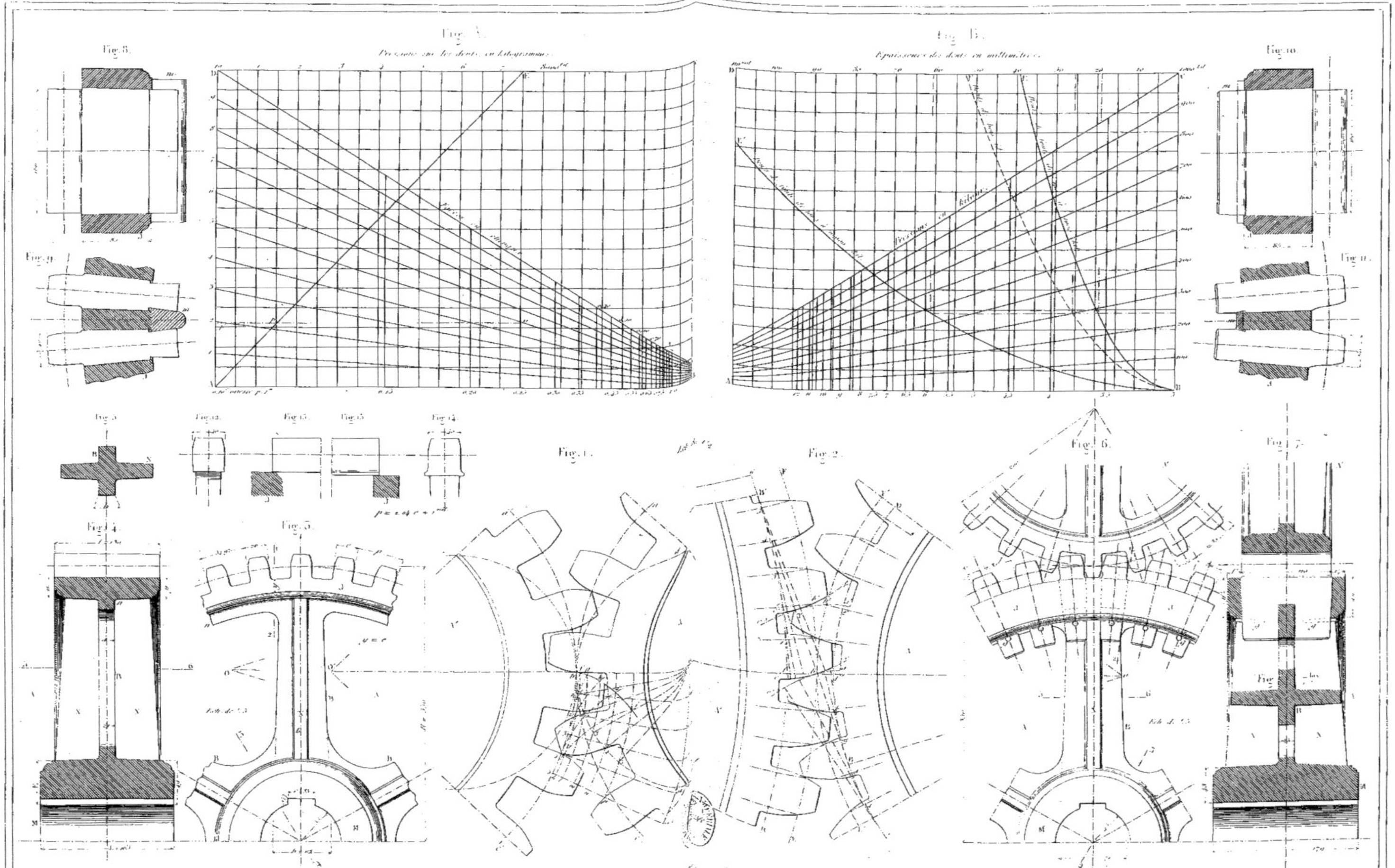

E = 1,5 e + 10 mill. L = r e + 0,10 R. $b = \frac{18 e + 30}{R}$ mill. a = 0,15 r e + 5 mill. e, Epaisseur de la d.t. h, Hauteur de la dent. l, Largeur de la dent. r, Rapport entre la largeur et l'épaisseur de la dent.

J. Petitcolin sculp. Geny-Gros imp. à Paris. Armengaud aîné.

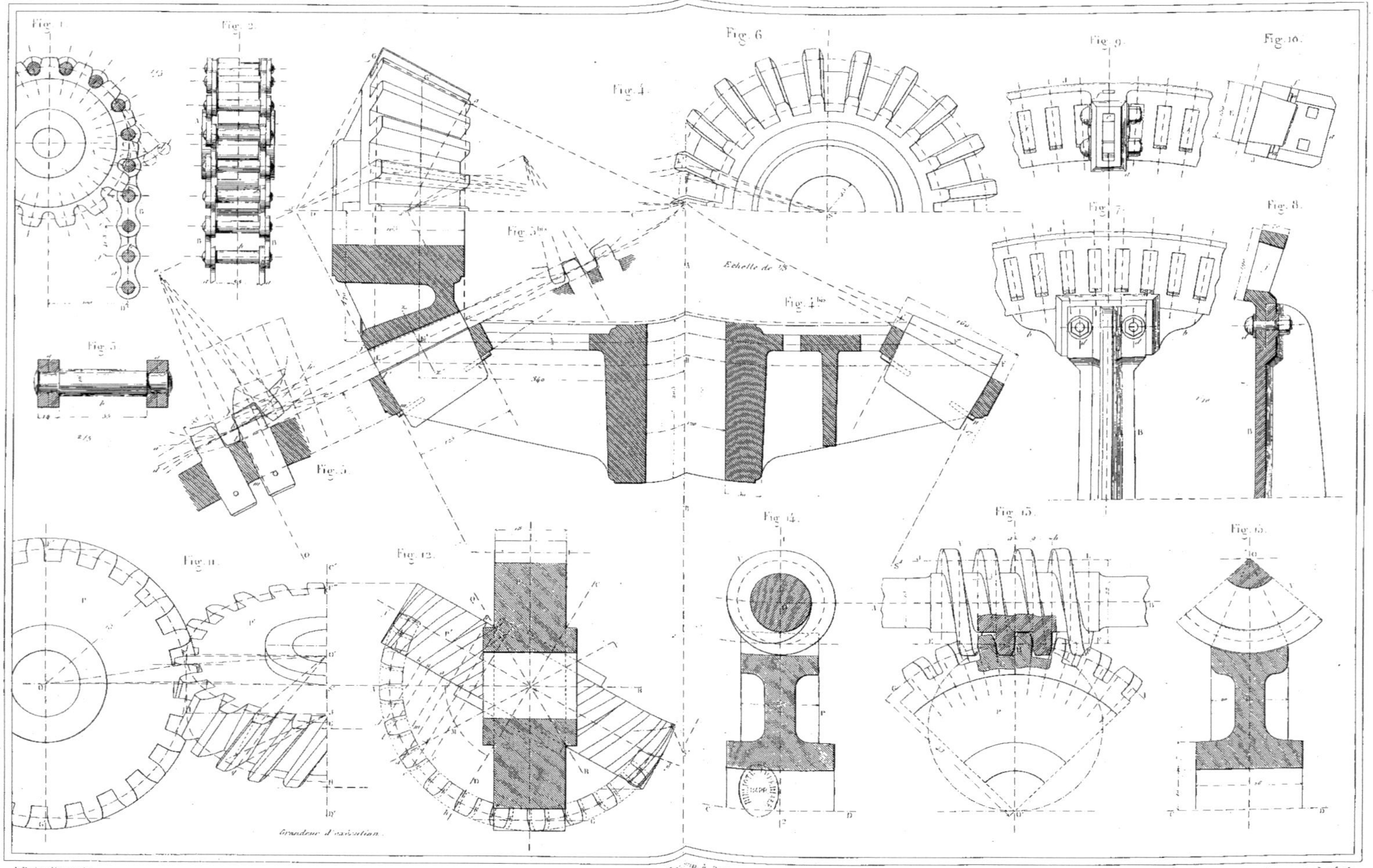

PROPORTIONS ET CONSTRUCTION DES ENGRENAGES.

Fig. 1. Fig. 2. Fig. 3. Fig. 4. Fig. 4 bis. Fig. 5. Fig. 5 bis. Fig. 6. Fig. 7. Fig. 8. Fig. 9. Fig. 10. Fig. 11. Fig. 12. Fig. 13. Fig. 14. Fig. 15.

Echelle de 1/8

Grandeur d'exécution.

J. Petitcolin sculp. Gouy frères Imp. à Paris Armengaud aîné.

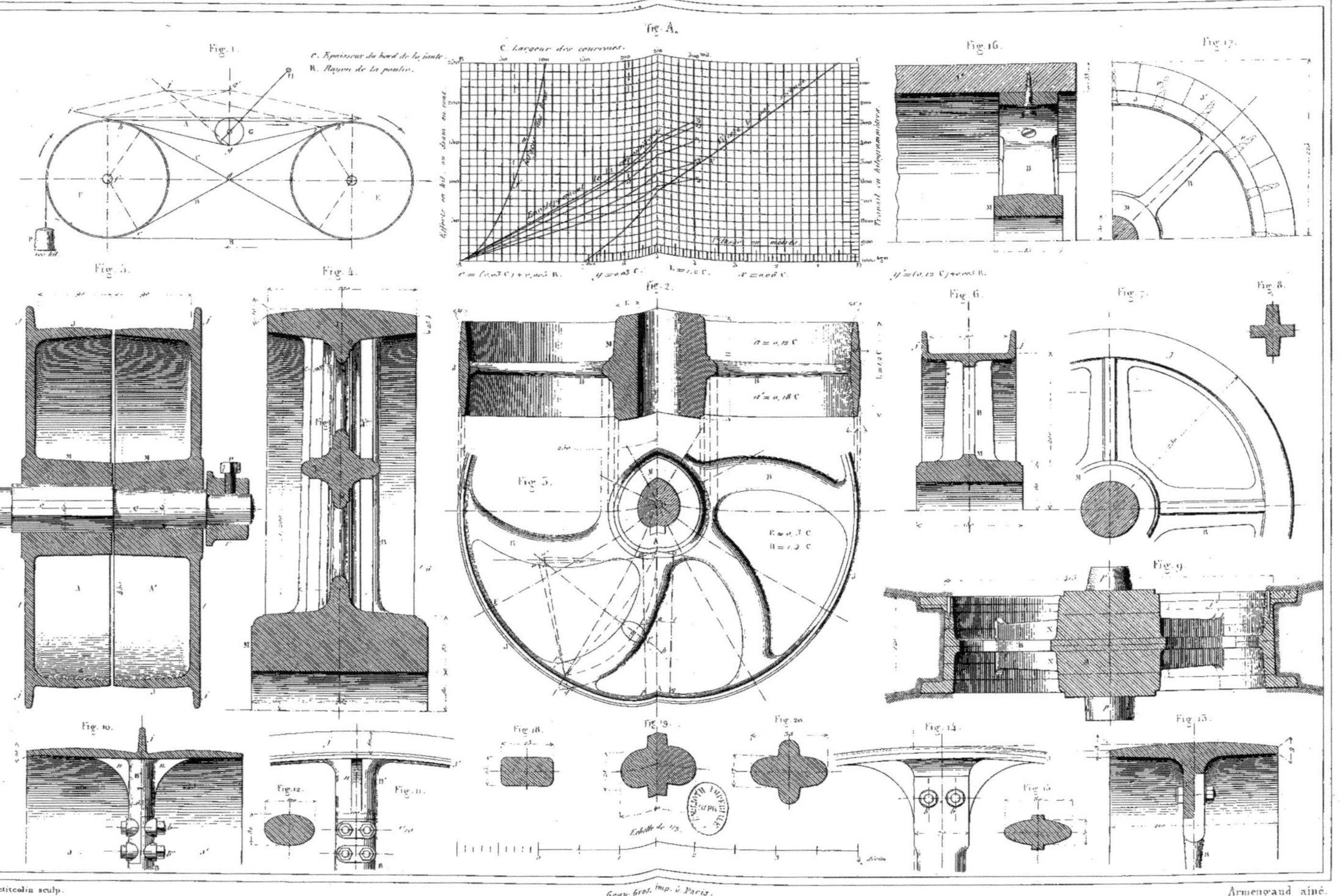
Fig. A.
Fig. 1.
C. Épaisseur du bord de la jante.
R. Rayon de la poulie.
C. Largeur des courroies.
Fig. 2.
Fig. 3.
Fig. 4.
Fig. 5.
Fig. 6.
Fig. 7.
Fig. 8.
Fig. 9.
Fig. 10.
Fig. 11.
Fig. 12.
Fig. 13.
Fig. 14.
Fig. 15.
Fig. 16.
Fig. 17.
Fig. 18.
Fig. 19.
Fig. 20.
Échelle de 1/5.

PROPORTIONS ET CONSTRUCTION DES POULIES DE TRANSMISSION.

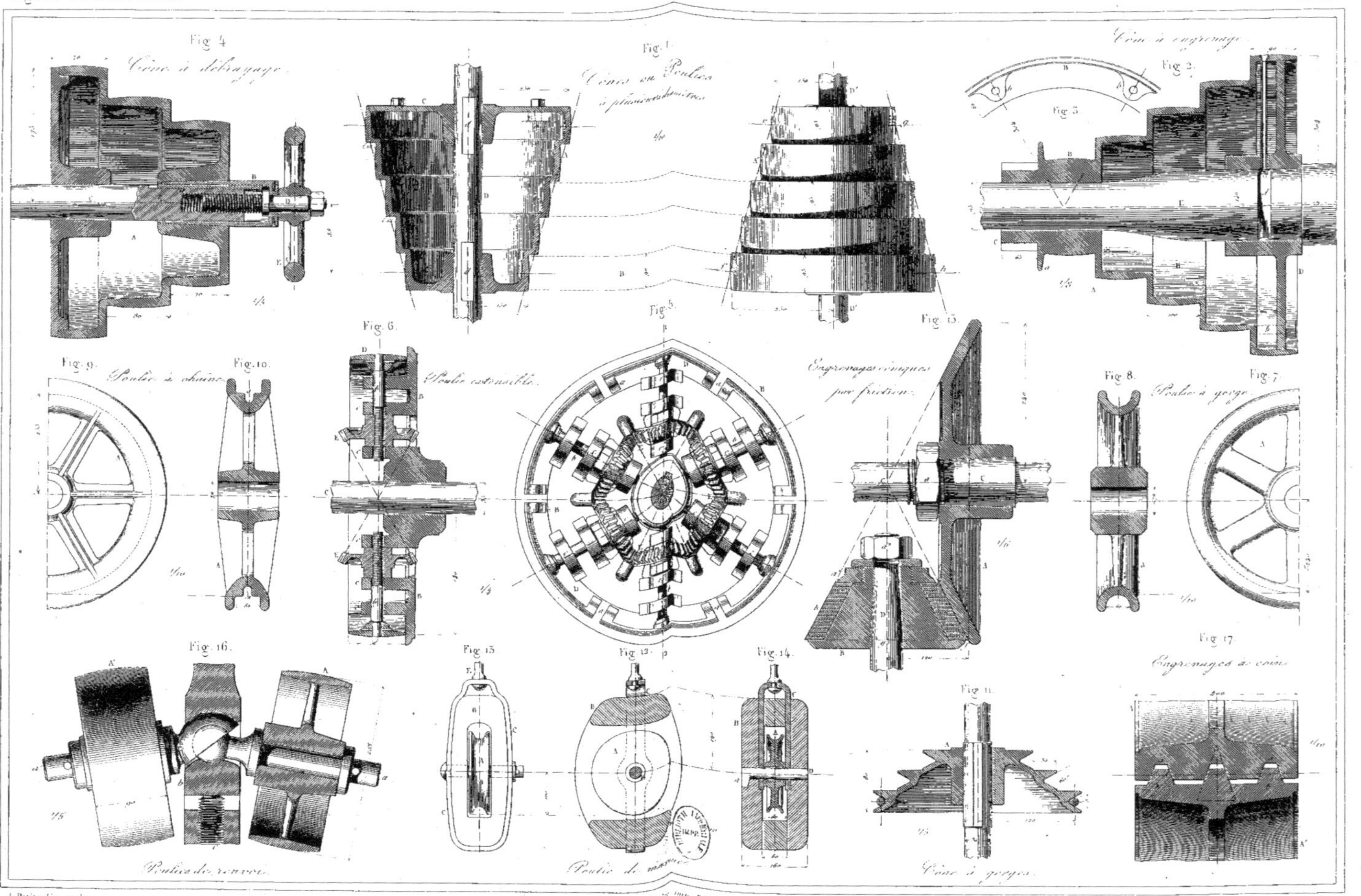

J. Petitcolin sculp. Armengaud aîné.

PROPORTIONS ET CONSTRUCTION DES COLONNES EN FONTE

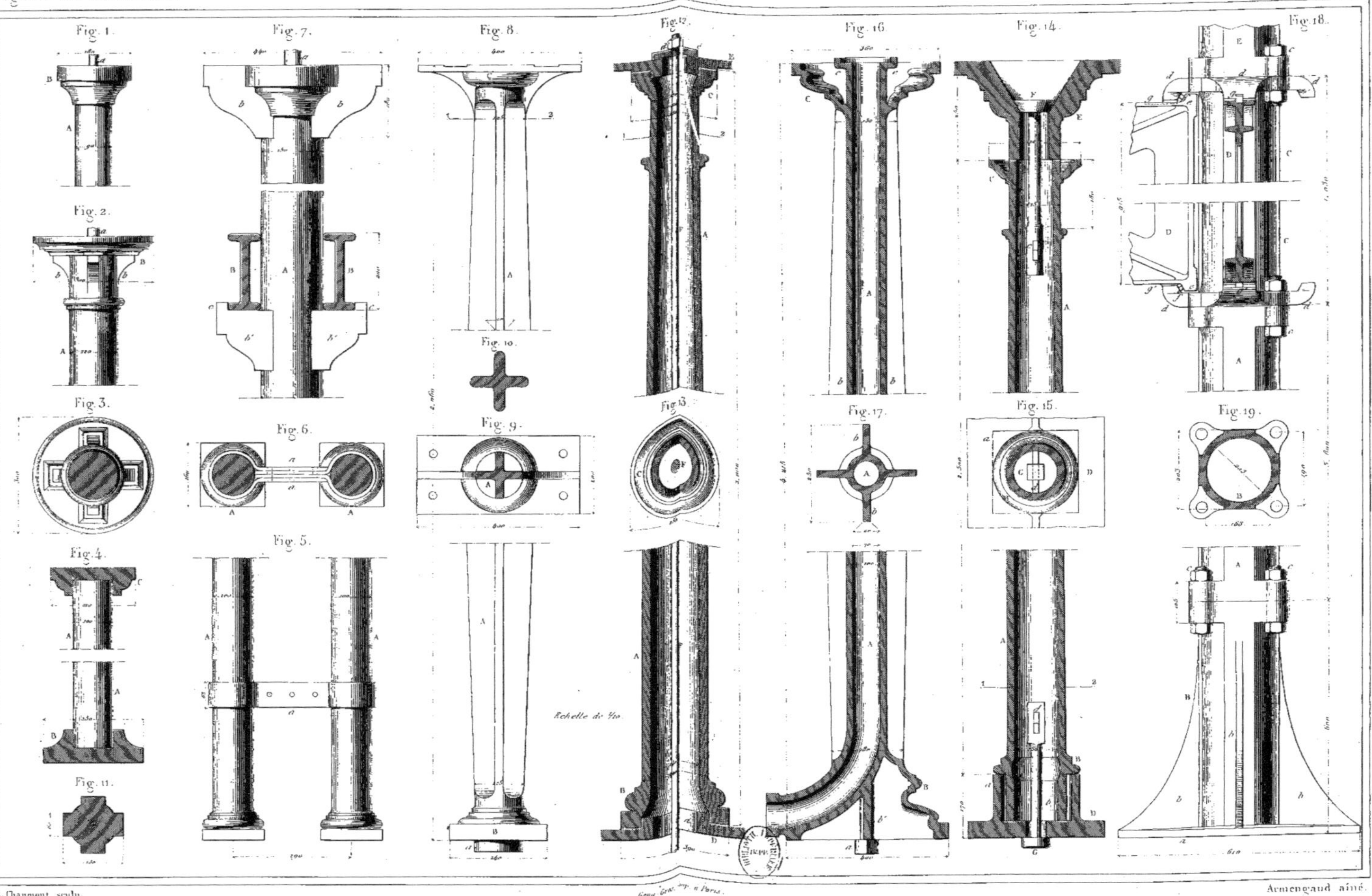

L. Chaumont sculp.

Armengaud aîné.

ASSEMBLAGES DE BATIS POUR TRANSMISSIONS DE MOUVEMENT.

Fig. 1. Fig. 2. Fig. 3. Fig. 4.

Echelle de 1/15.

Fig. 9. Fig. 10.

Echelle de 1/25

Fig. 7. Fig. 8. Fig. 5. Fig. 6.

Echelle de 1/15. Echelle de 1/15

Fig. 11.

Echelle de 1/50 pour les Fig. 1 et 2

Fig. 13. Fig. 12.

Echelle de 1/20

Fig. 14.

J. Chaumont sculp.

Imp. Geny-Gros, à Paris

Armengaud aîné.

CONSTRUCTION DES TRAVERSES ET GLISSIÈRES DE PISTONS.

Fig. 11. Fig. 16. Fig. 18. Fig. 17. Fig. 9. Fig. 10.

Fig. 2. Fig. 12. Fig. 13. Echelle de 1/10

Fig. 1. Fig. 20. Fig. 19.

Fig. 6. Fig. 7. Fig. 5. Fig. 3.

Fig. 8. Fig. 14. Fig. 15. Fig. 4.

Echelle de 1/5 pour les Fig. 1 à 11, 14 et 15, et 19 à 20.

Echelle de 1/20 pour les Fig. 16 à 18.

L. Chaumont sculp. Imp. Lemercier, à Paris. Armengaud aîné.

PROPORTIONS ET CONSTRUCTION DES BIELLES MOTRICES EN FER.

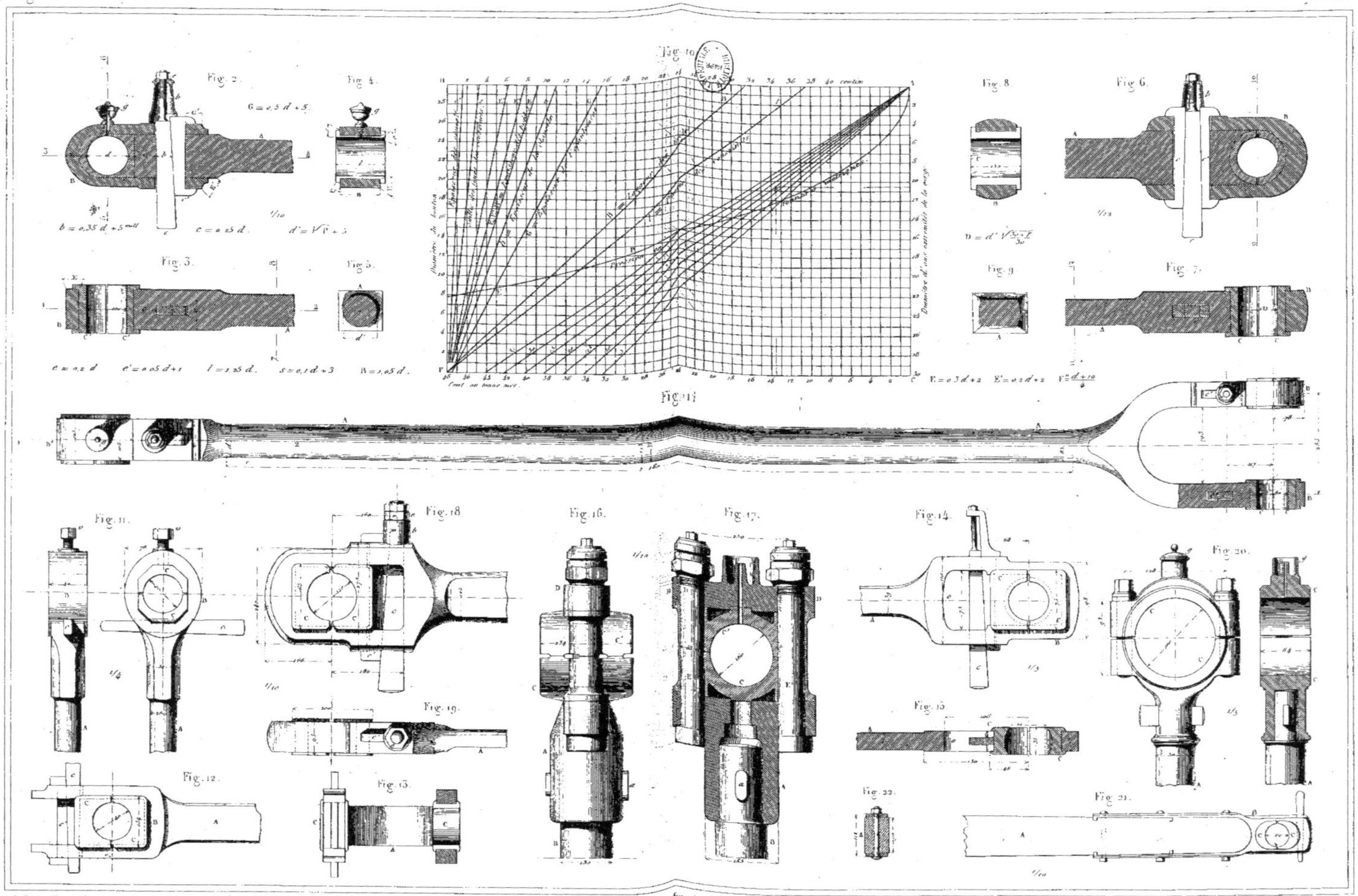

$G = 0{,}5\,d + 5$

$b = 0{,}35\,d + 5^{mill}$ $c = 0{,}25\,d$ $d' = \sqrt{F} + 5$

$e = 0{,}2\,d$ $e' = 0{,}05\,d + 1$ $l = 1{,}25\,d$ $s = 0{,}1\,d + 3$ $B = 1{,}05\,d$

$D = d' \sqrt{\frac{3d + l}{30}}$

$E = 0{,}3\,d + 2$ $E' = 0{,}2\,d + 2$ $F = \frac{d + 10}{4}$

J. Petitcolin sculp. Imp. Geny-Gros, à Paris. Armengaud aîné.

PROPORTIONS ET CONSTRUCTION DES BIELLES MOTRICES EN FONTE.

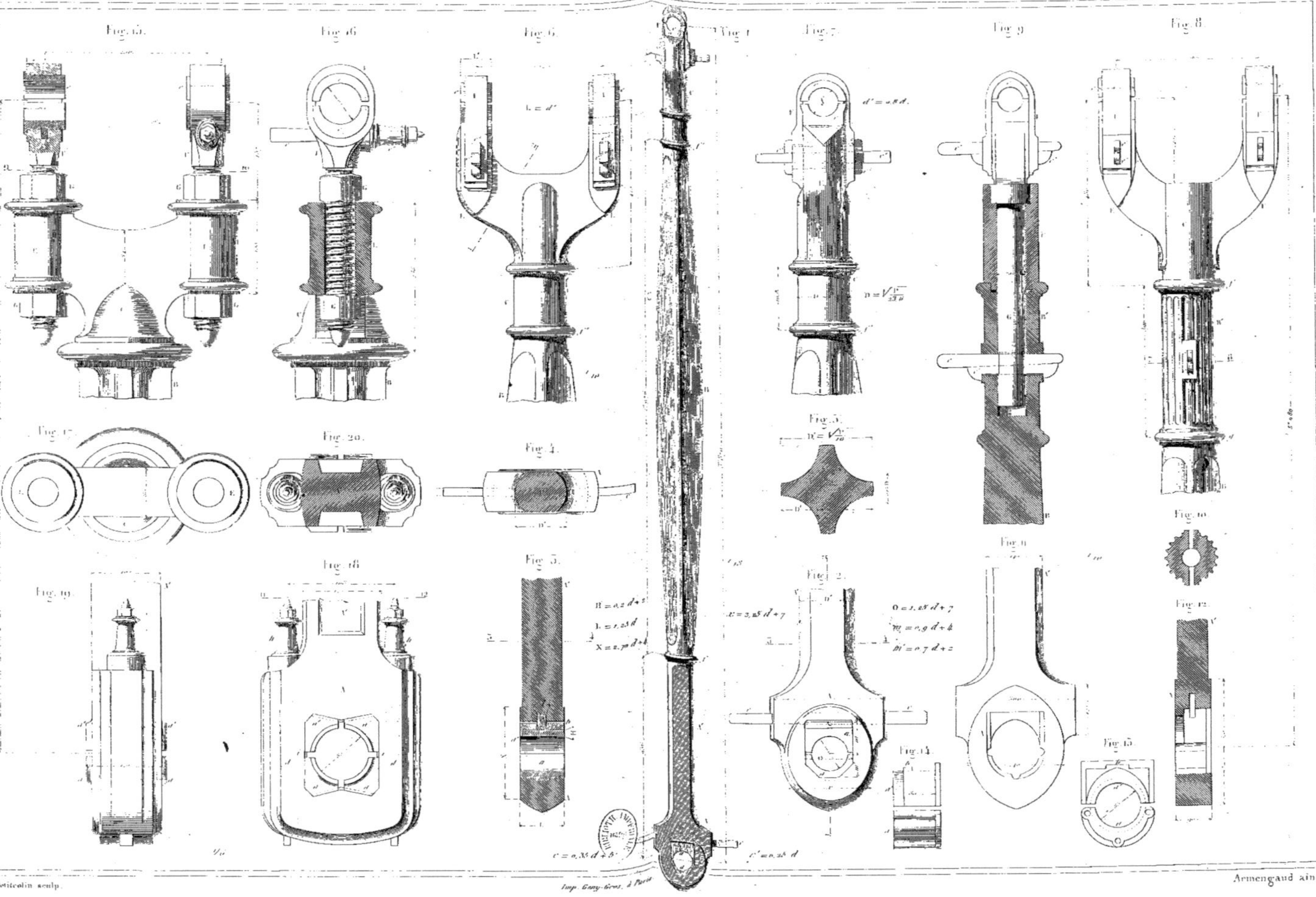

J. Petitcolin sculp.

Imp. Geny-Gros, à Paris

Armengaud aîné.

PROPORTIONS ET CONSTRUCTION DES MANIVELLES MOTRICES ET DES EXCENTRIQUES.

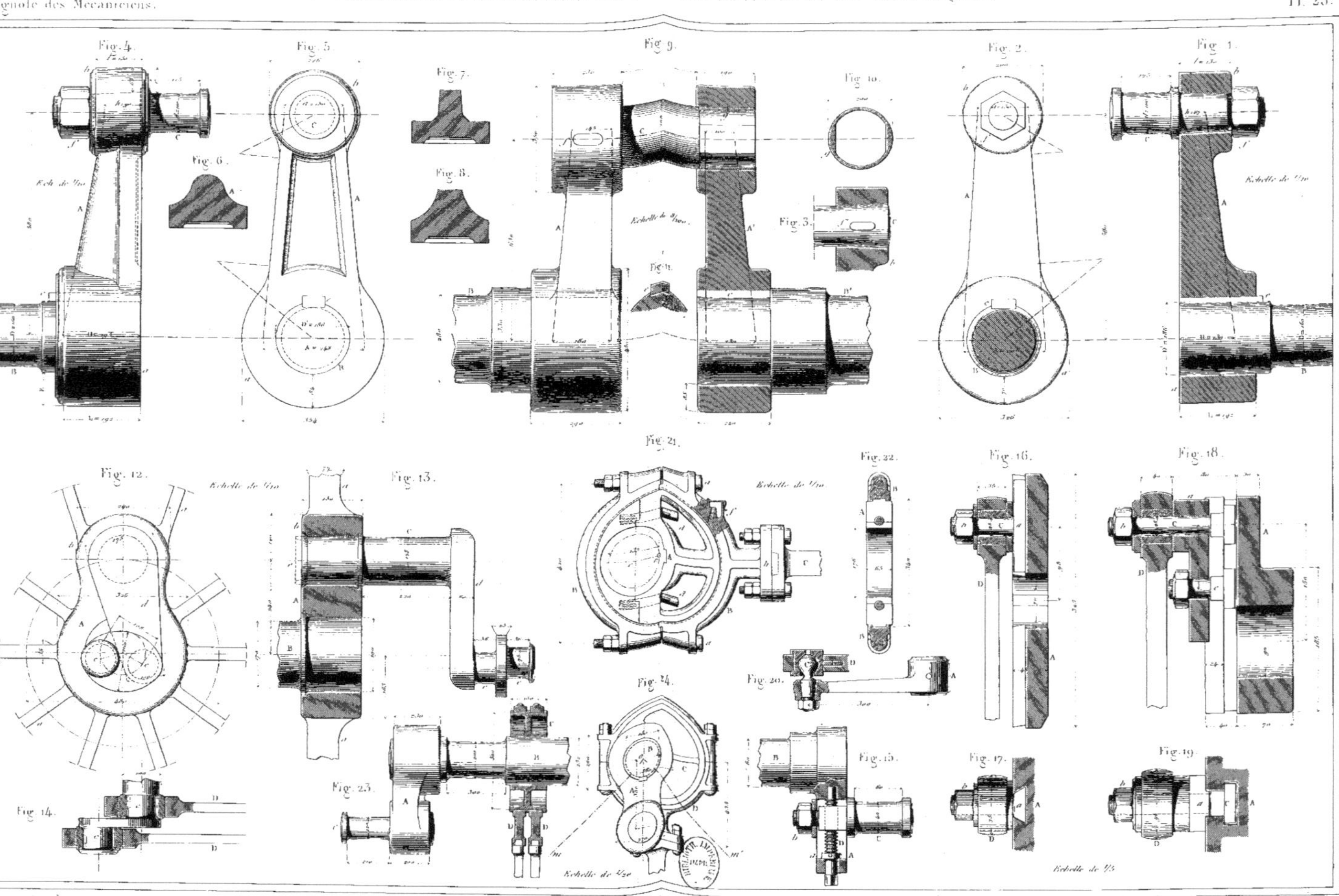

PROPORTIONS ET CONSTRUCTION DES BALANCIERS EN FONTE.

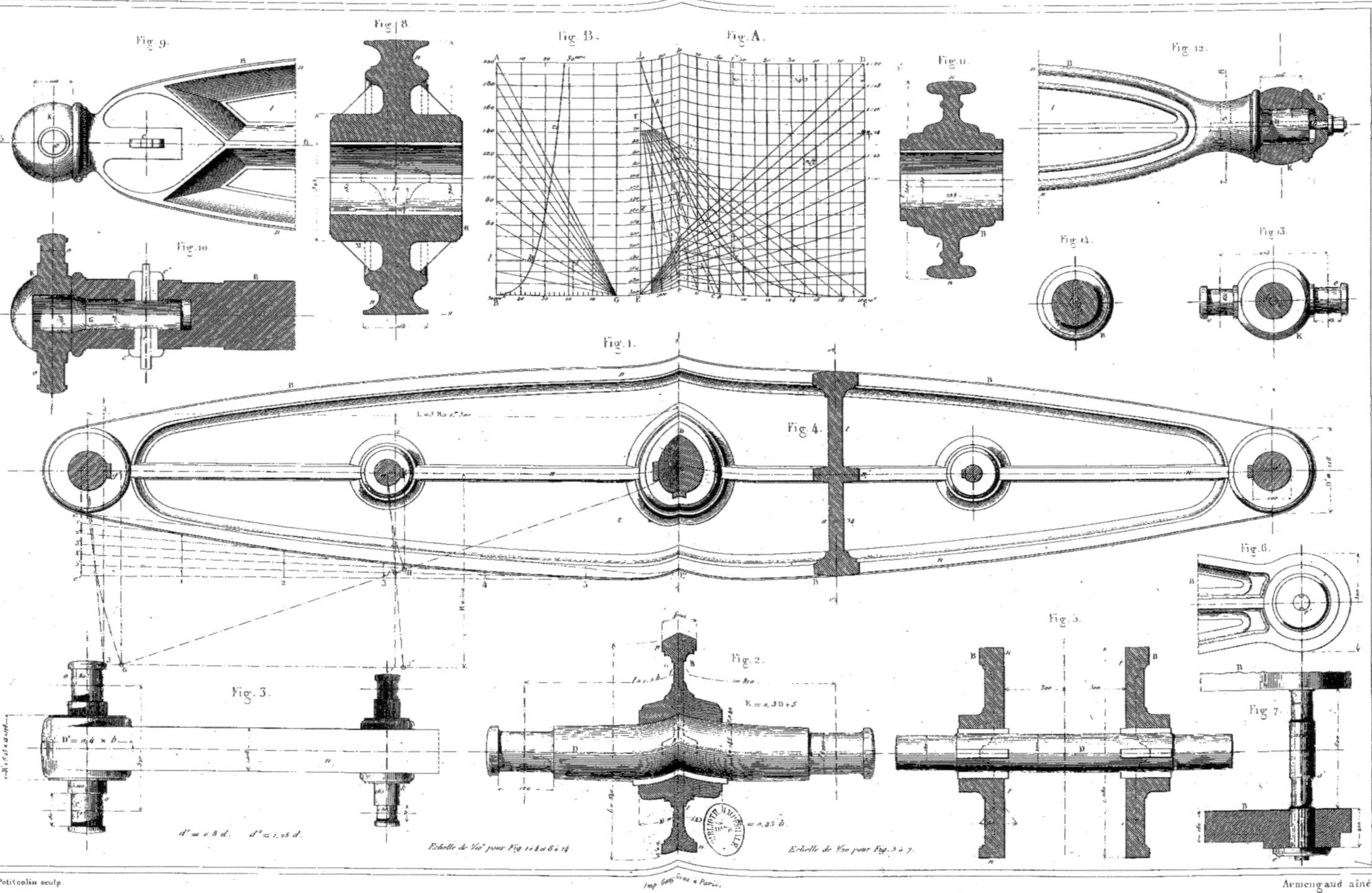

J. Petitcolin sculp.
Imp. Geny-Gros à Paris.
Armengaud aîné.

PROPORTIONS ET CONSTRUCTION DES CYLINDRES MOTEURS A VAPEUR.

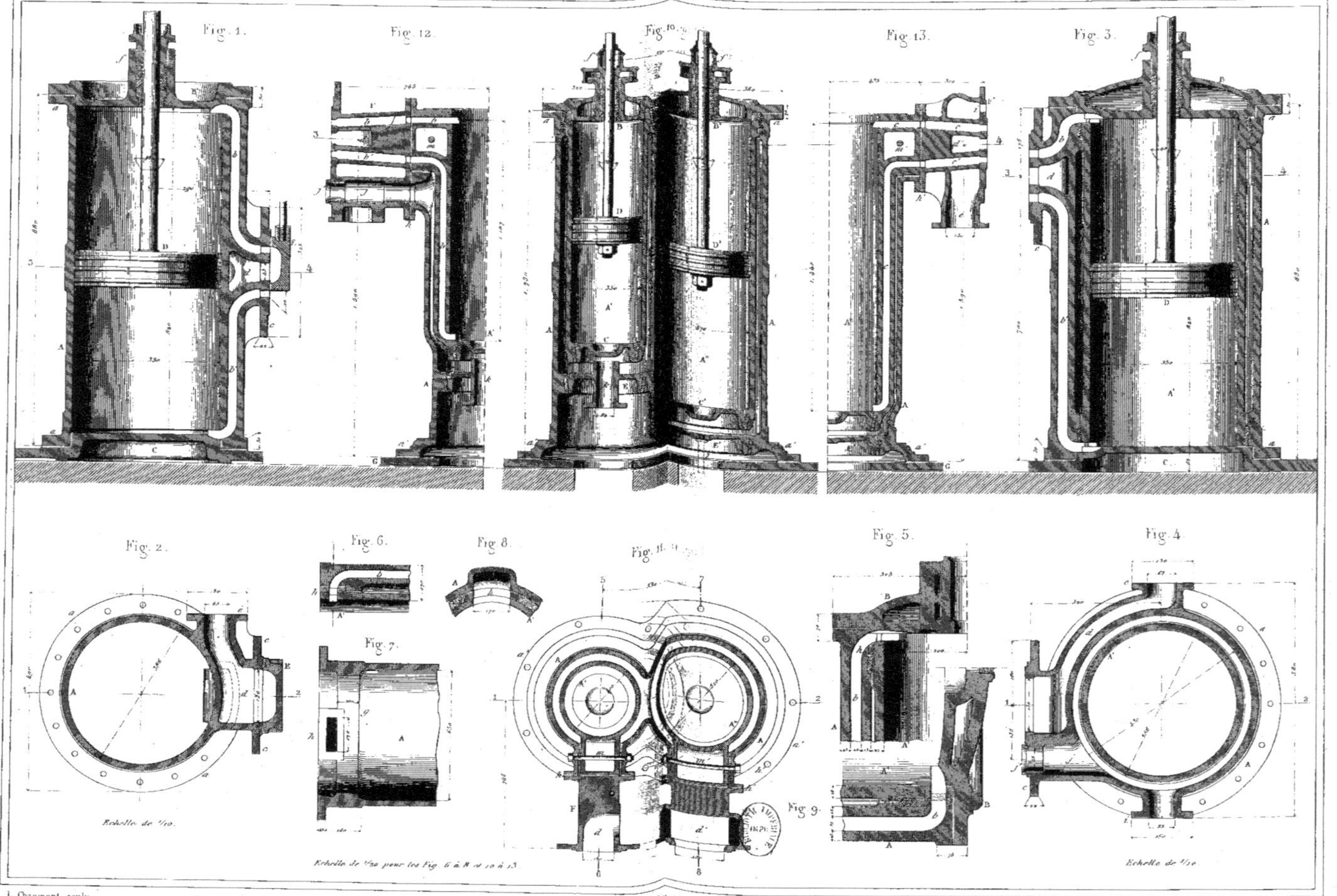

L. Chaumont sculp.

Imp. Geny-Gros, à Paris.

Armengaud aîné.

PROPORTIONS ET CONSTRUCTION DES CYLINDRES A VAPEUR, A EAU ET A AIR.

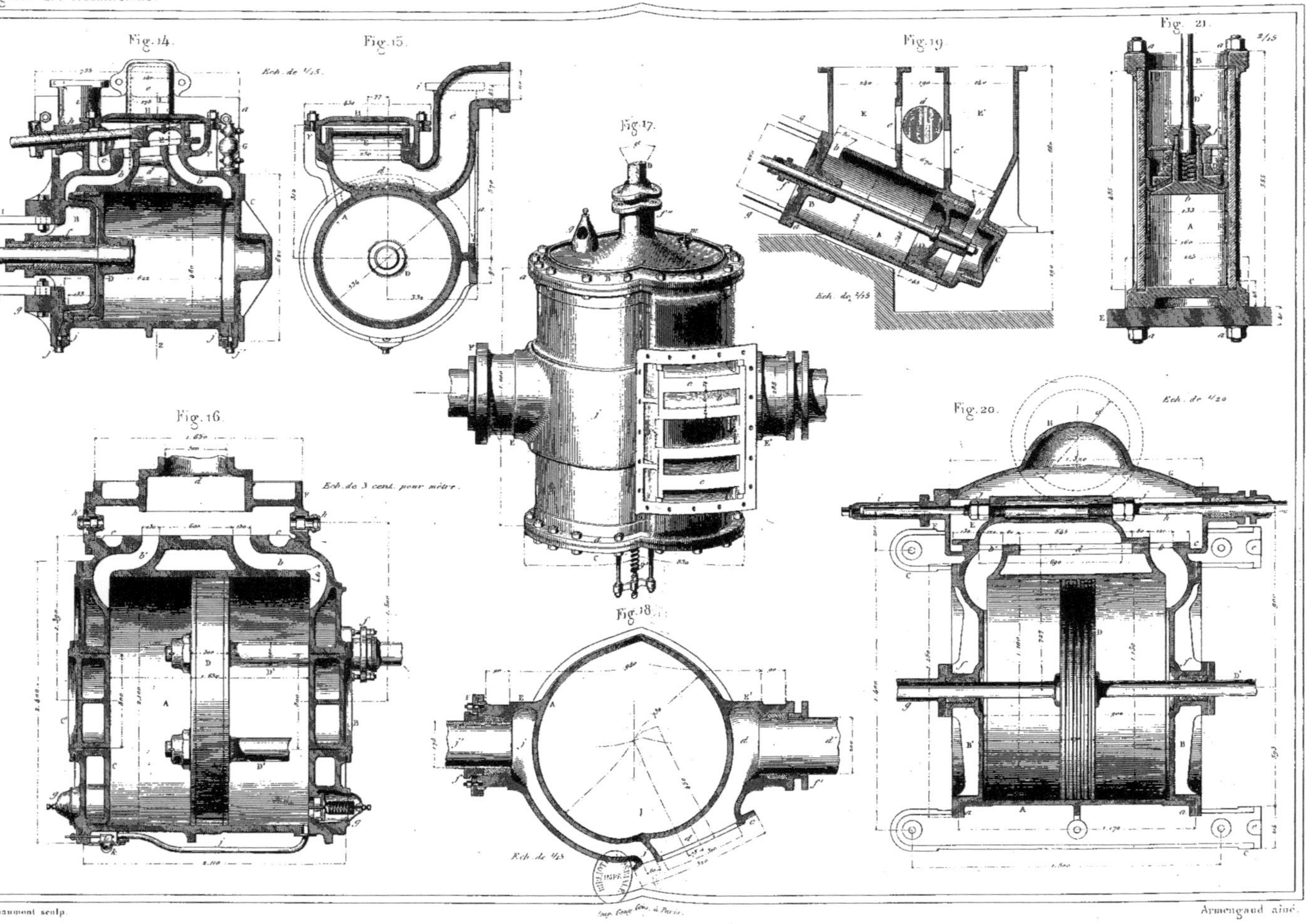

L. Chaumont sculp.

Imp. Gény Gros, à Paris.

Armengaud ainé.

CYLINDRES ET TAMBOURS DE DIVERSES DISPOSITIONS.

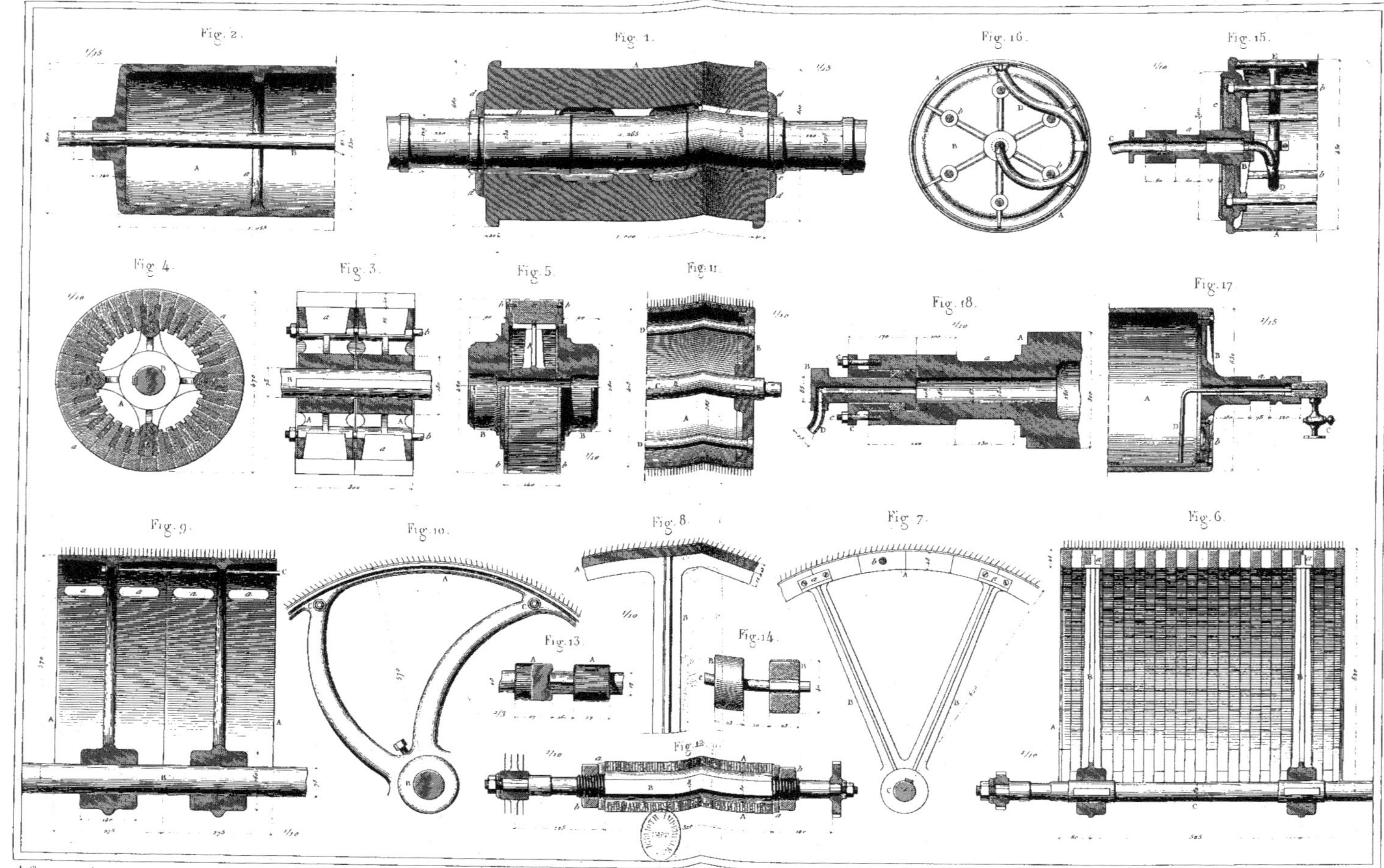

L. Chaumont sculp.

Imp. Geny-Gros à Paris

Armengaud ainé

PROPORTIONS ET CONSTRUCTION DES GARNITURES A ÉTOUPE, MÉTALLIQUES ET EN CUIR.

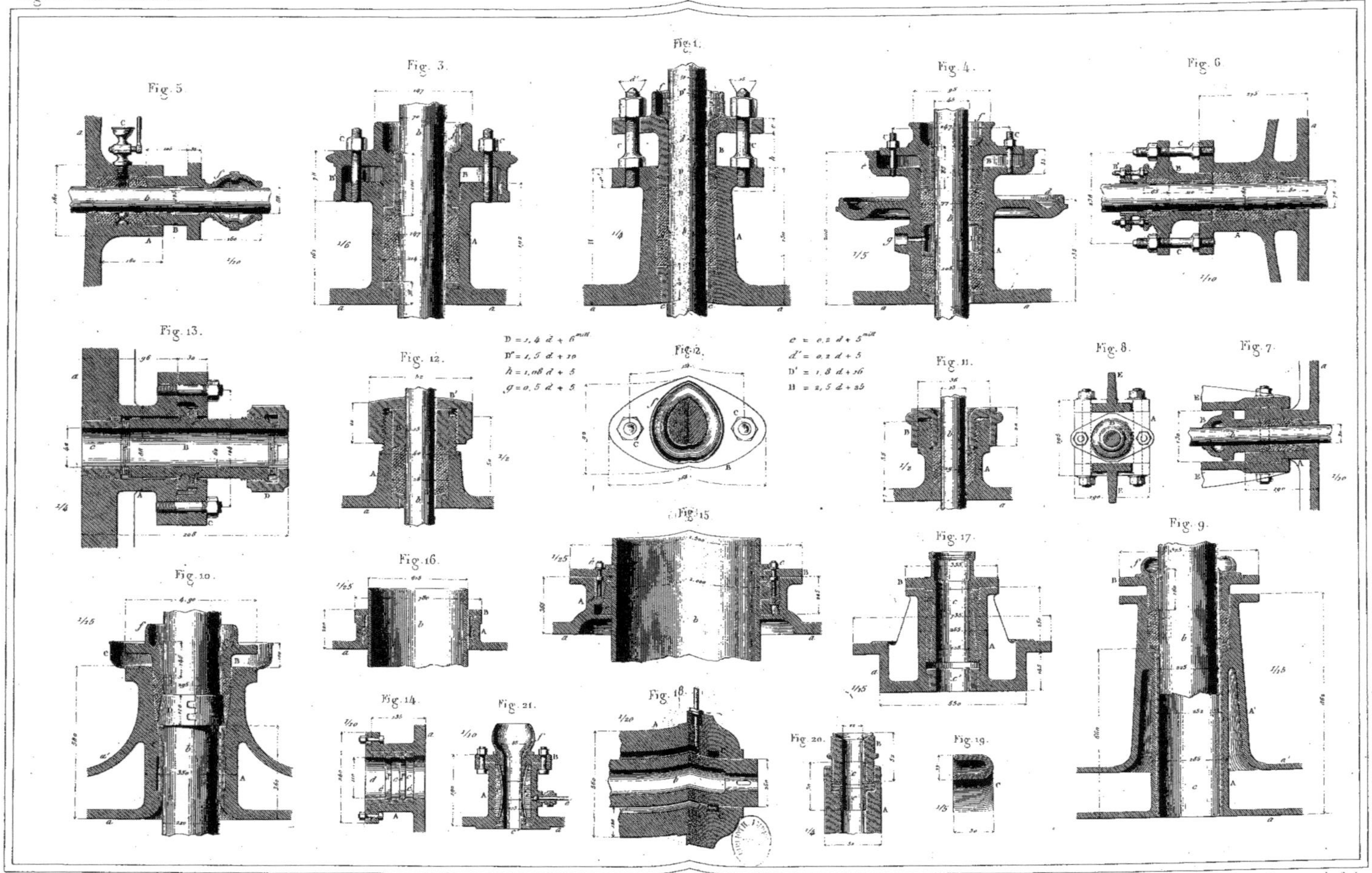

Fig. 5. Fig. 3. Fig. 1. Fig. 4. Fig. 6.

Fig. 13. Fig. 12. Fig. 2. Fig. 11. Fig. 8. Fig. 7.

$D = 1,4\,d + 6^{mill}$

$D'' = 1,5\,d + 10$

$h = 1,08\,d + 5$

$g = 0,5\,d + 5$

$e = 0,2\,d + 5^{mill}$

$d' = 0,2\,d + 5$

$D' = 1,8\,d + 16$

$H = 2,5\,d + 25$

Fig. 15. Fig. 16. Fig. 10. Fig. 17. Fig. 9.

Fig. 14. Fig. 21. Fig. 18. Fig. 20. Fig. 19.

L. Chaumont sculp. Imp. Geny Gros, à Paris. Armengaud aîné.

CONSTRUCTION ET ASSEMBLAGES DES TUYAUX DE CONDUITE ET DES TUBES DE DIVERS SYSTÈMES.

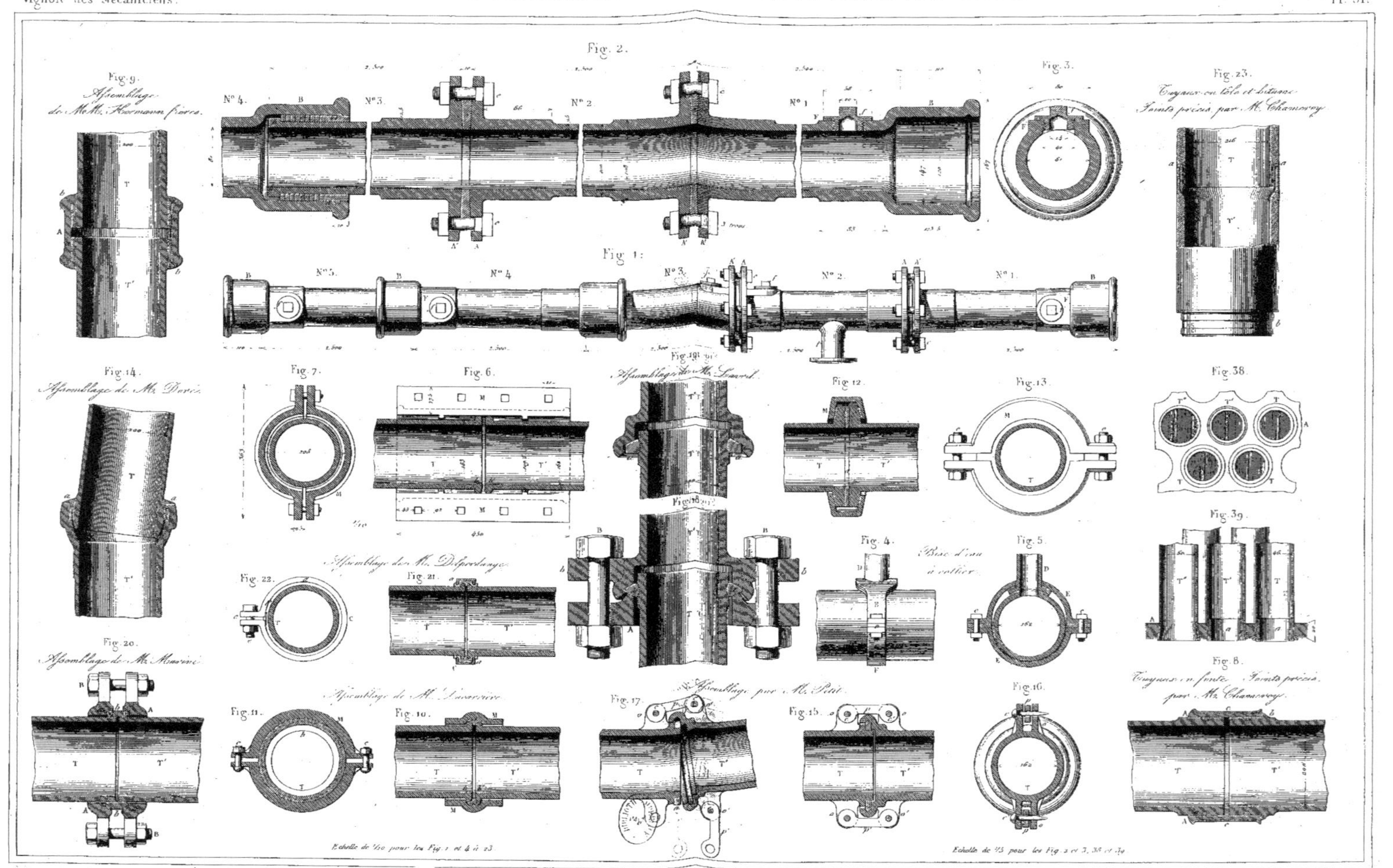

CONSTRUCTION ET ASSEMBLAGES DES TUYAUX DE CONDUITE ET DES TUBES DE DIVERS SYSTÈMES.

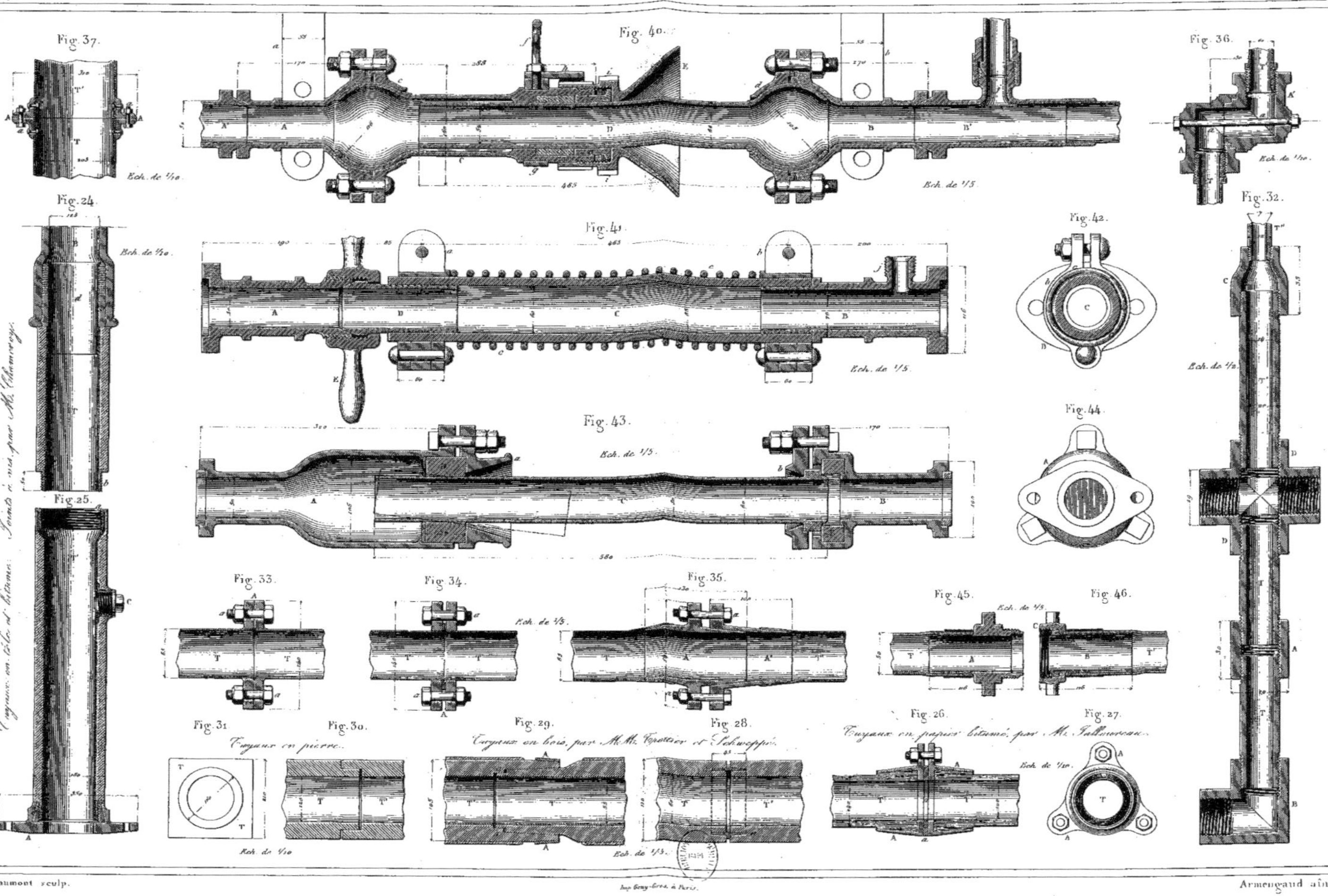

J. Chaumont sculp.

Imp. Geny-Gros, à Paris.

Armengaud aîné.

PROPORTIONS ET CONSTRUCTION DES CLAPETS ET DES SOUPAPES DE DIVERS SYSTÈMES.

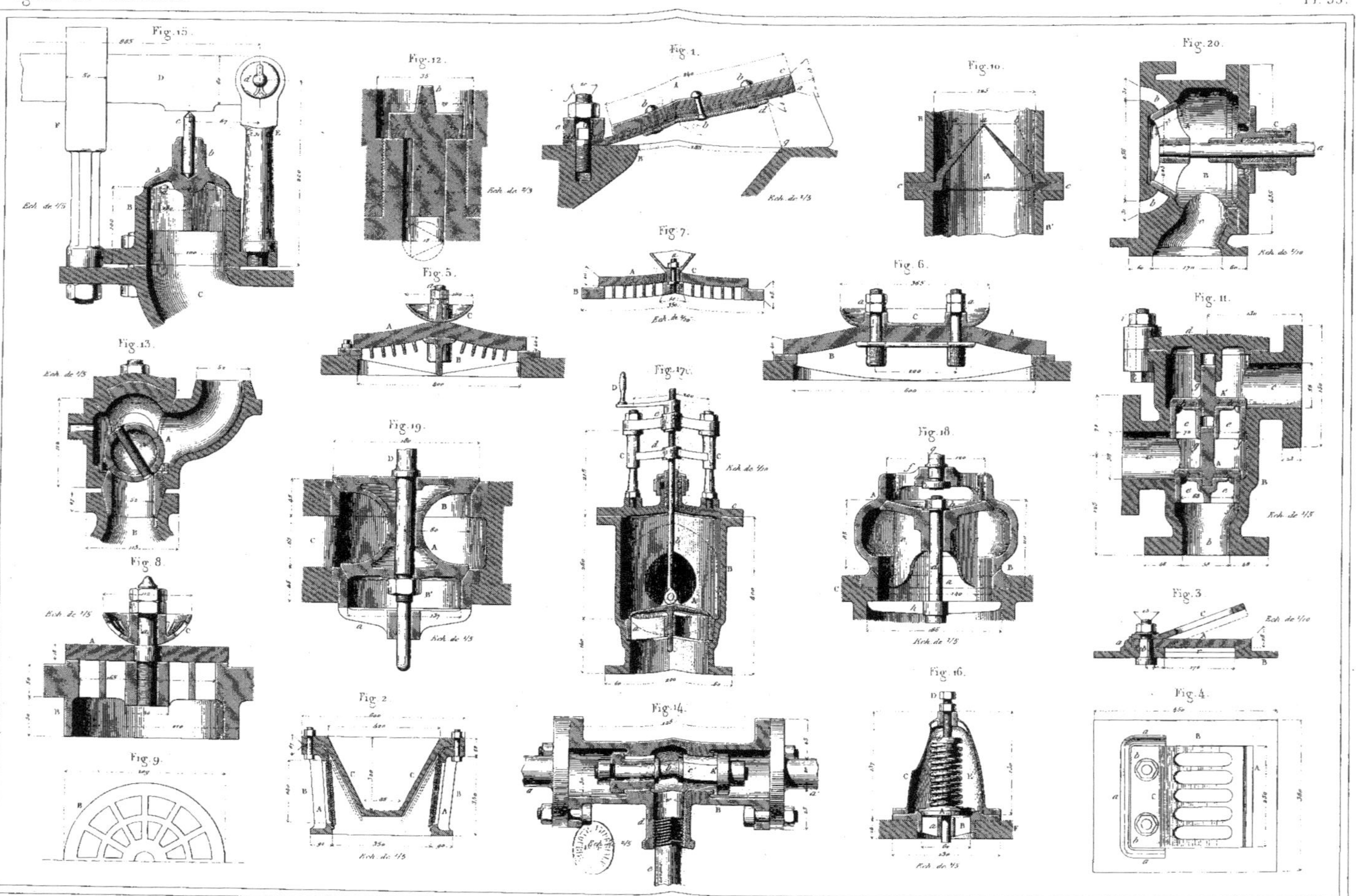

J. Chaumont sculp.

Imp. Geny-Gros, à Paris

Armengaud aîné.

PROPORTIONS ET CONSTRUCTION DES ROBINETS DE DIVERS SYSTÈMES.

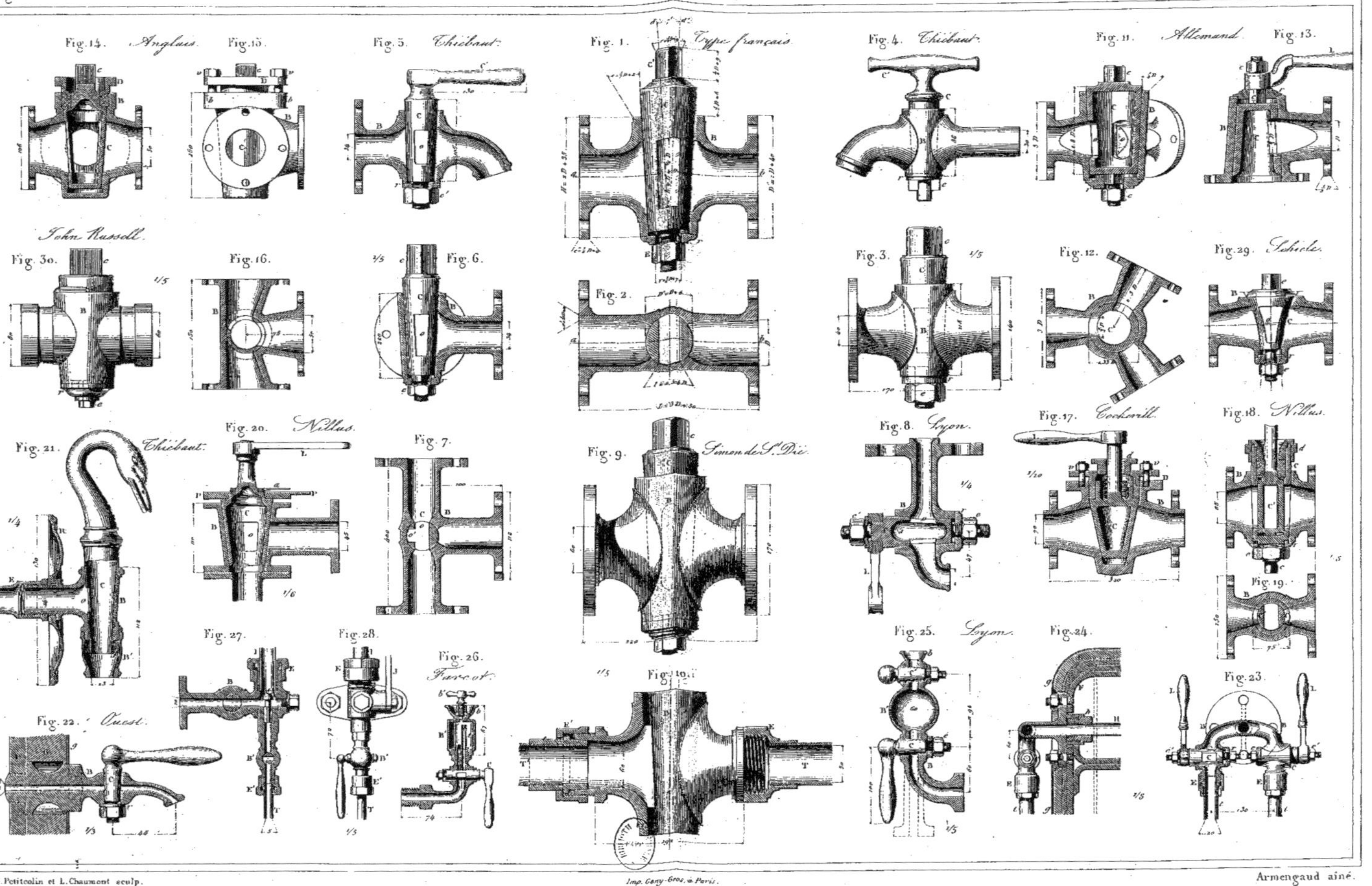

J. Petitcolin et L. Chaumont sculp.

Imp. Geny-Gros, à Paris.

Armengaud ainé.

PROPORTIONS ET CONSTRUCTION DES ROBINETS-VALVES ET DES VANNES DE DIVERS SYSTÈMES.

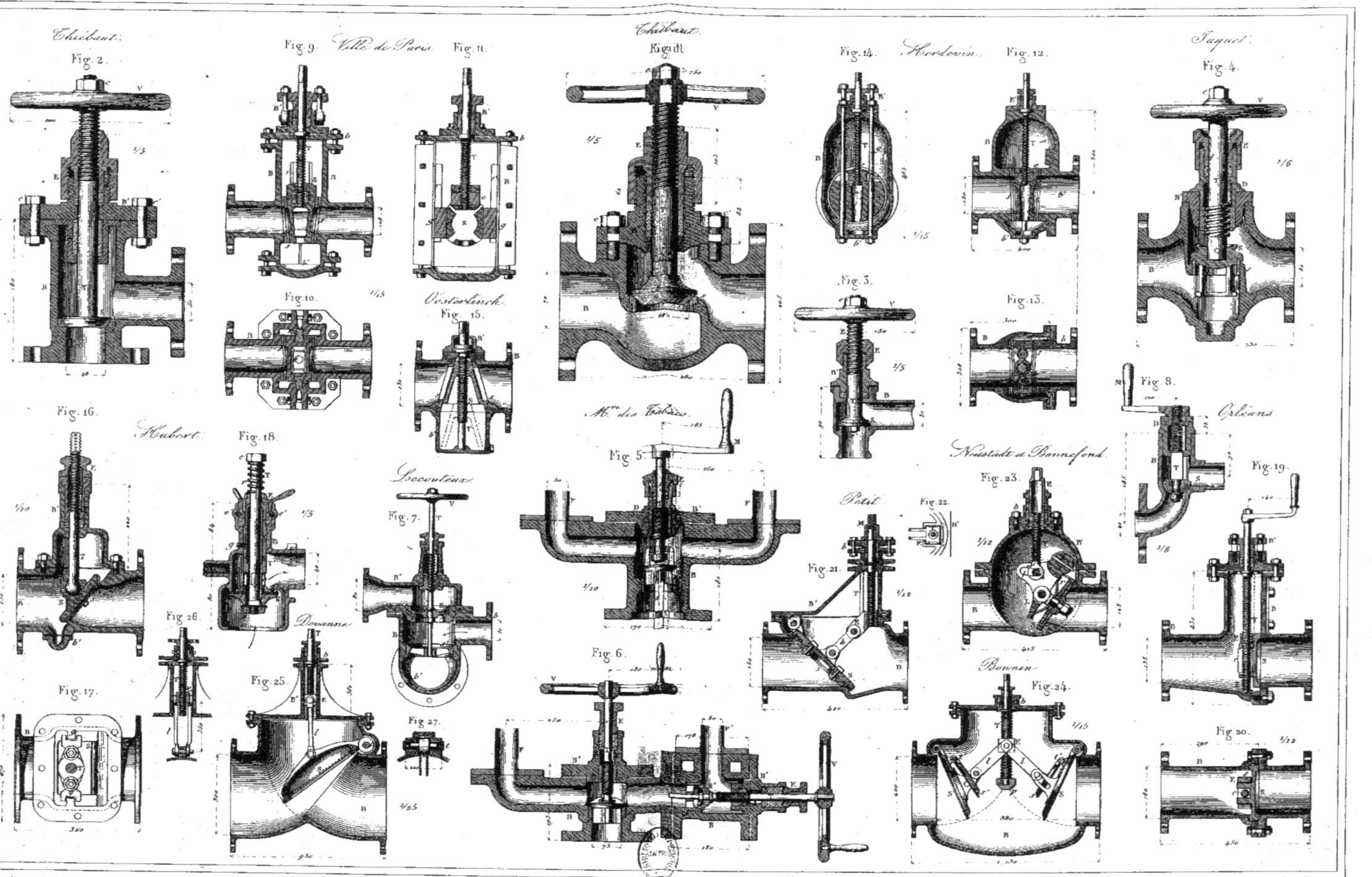

PROPORTIONS ET CONSTRUCTION DES ROBINETS-VALVES ET DES VANNES DE DIVERS SYSTÈMES.

J. Petitcolin et I. Chaumont sculp.

Armengaud aîné.

CONSTRUCTION DES PISTONS A VAPEUR.

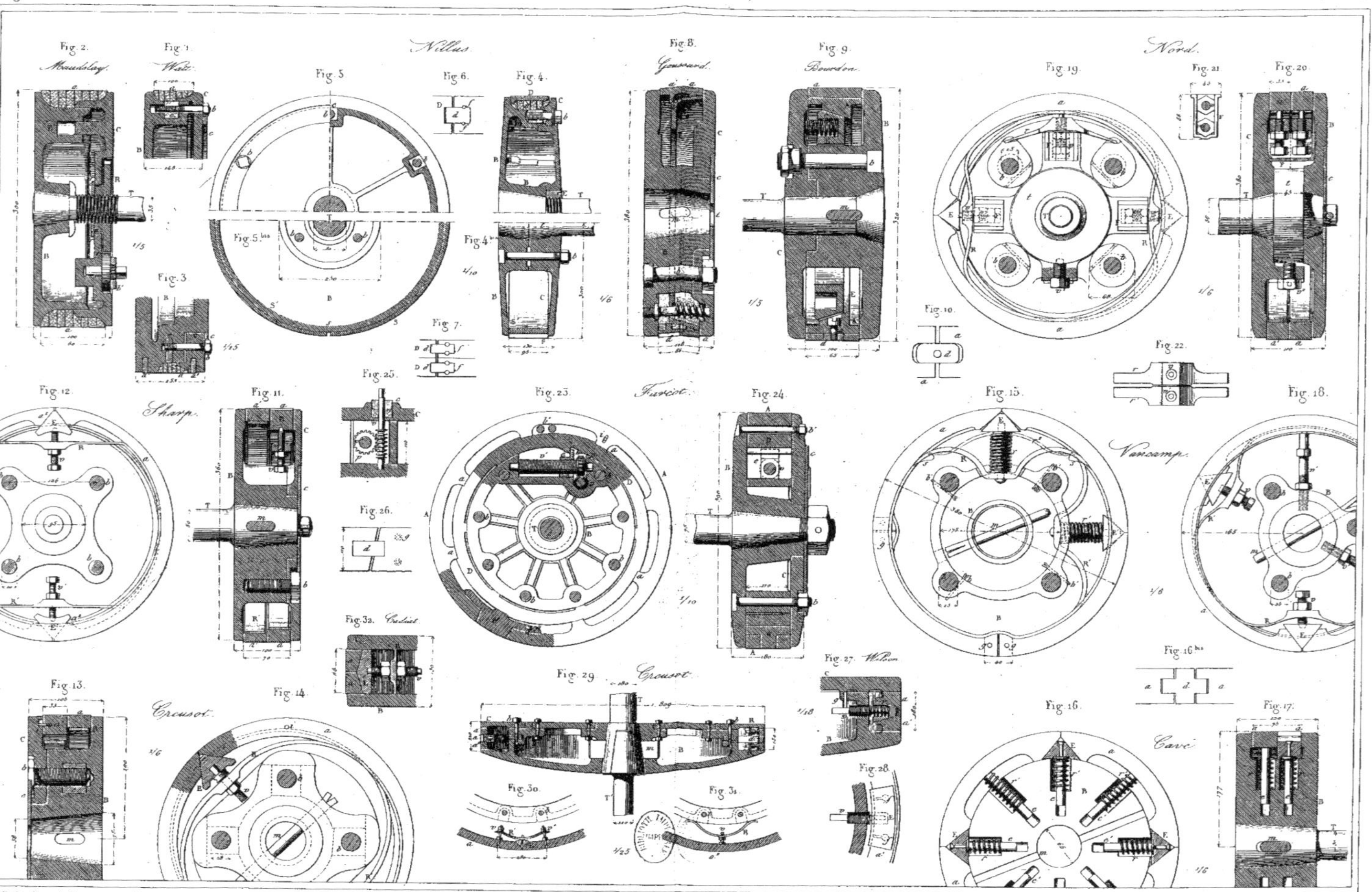

J. Petitcolin et L. Chaumont sculp.
Imp. Geny-Gros, à Paris.
Armengaud aîné.

CONSTRUCTION DES PISTONS A VAPEUR.

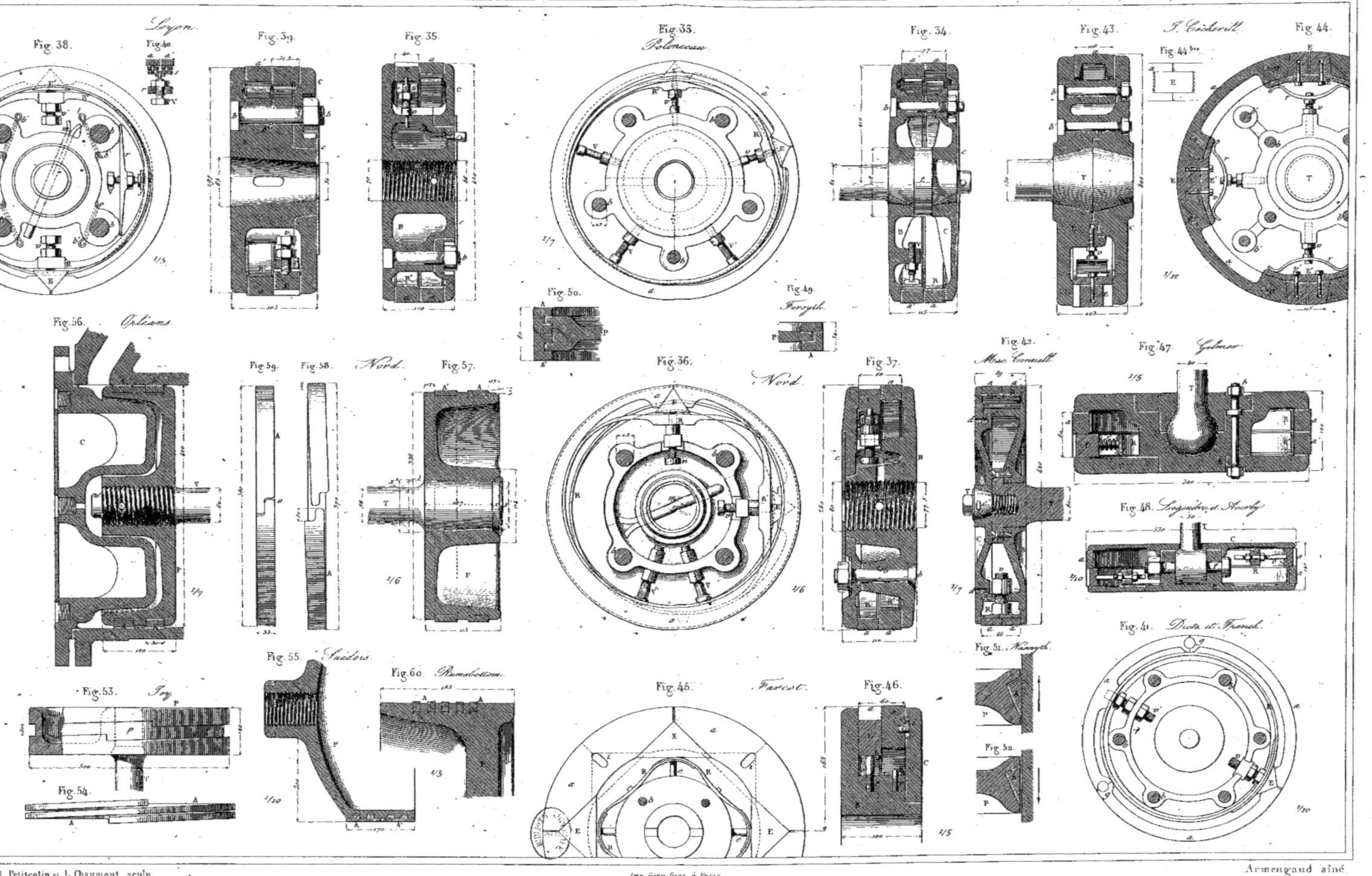

J. Petitcolin et L. Chaumont sculp.

Imp. Geny-Gros, à Paris.

Armengaud aîné.

CONSTRUCTION DES PISTONS A EAU ET A VENT.

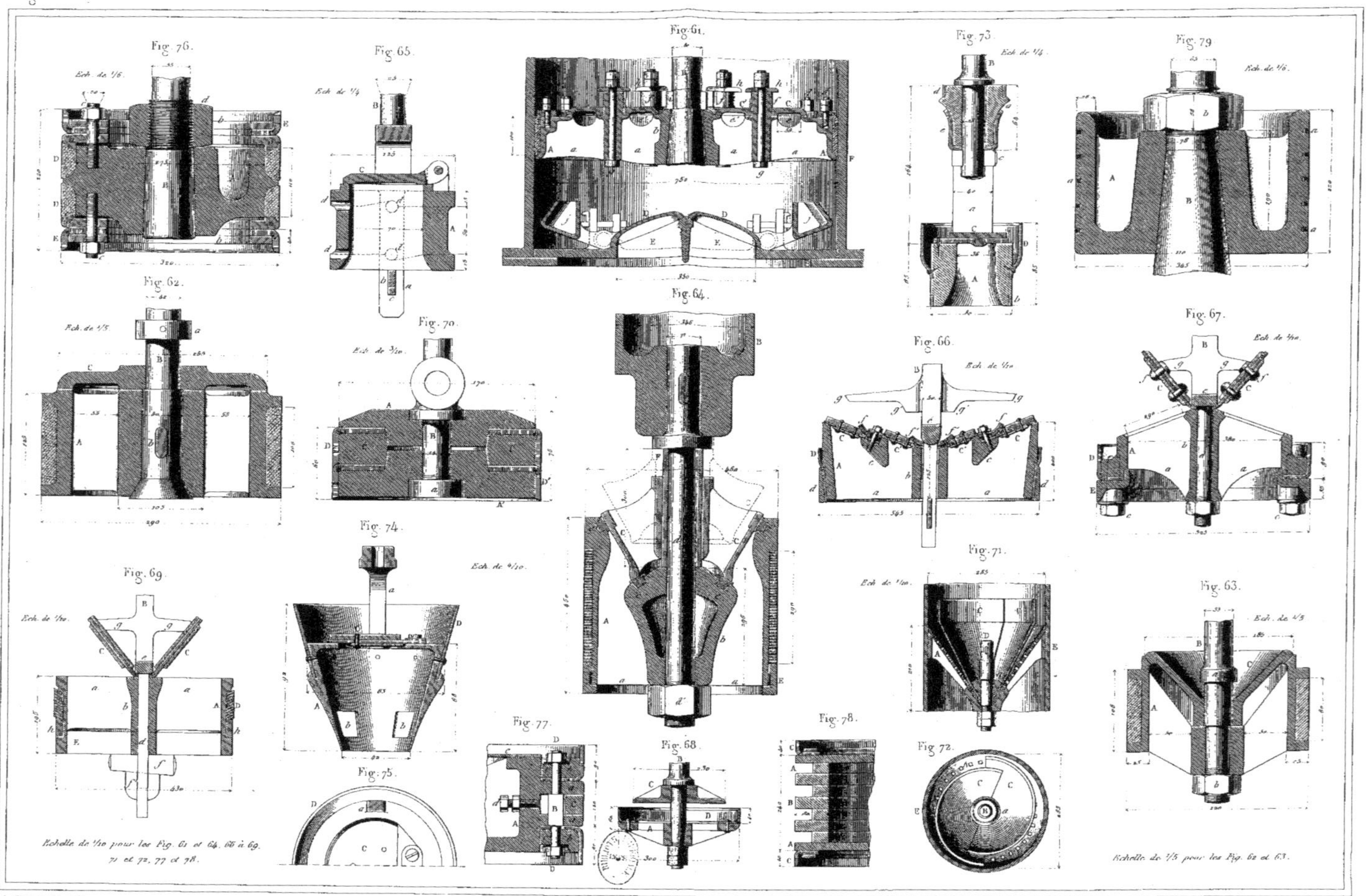

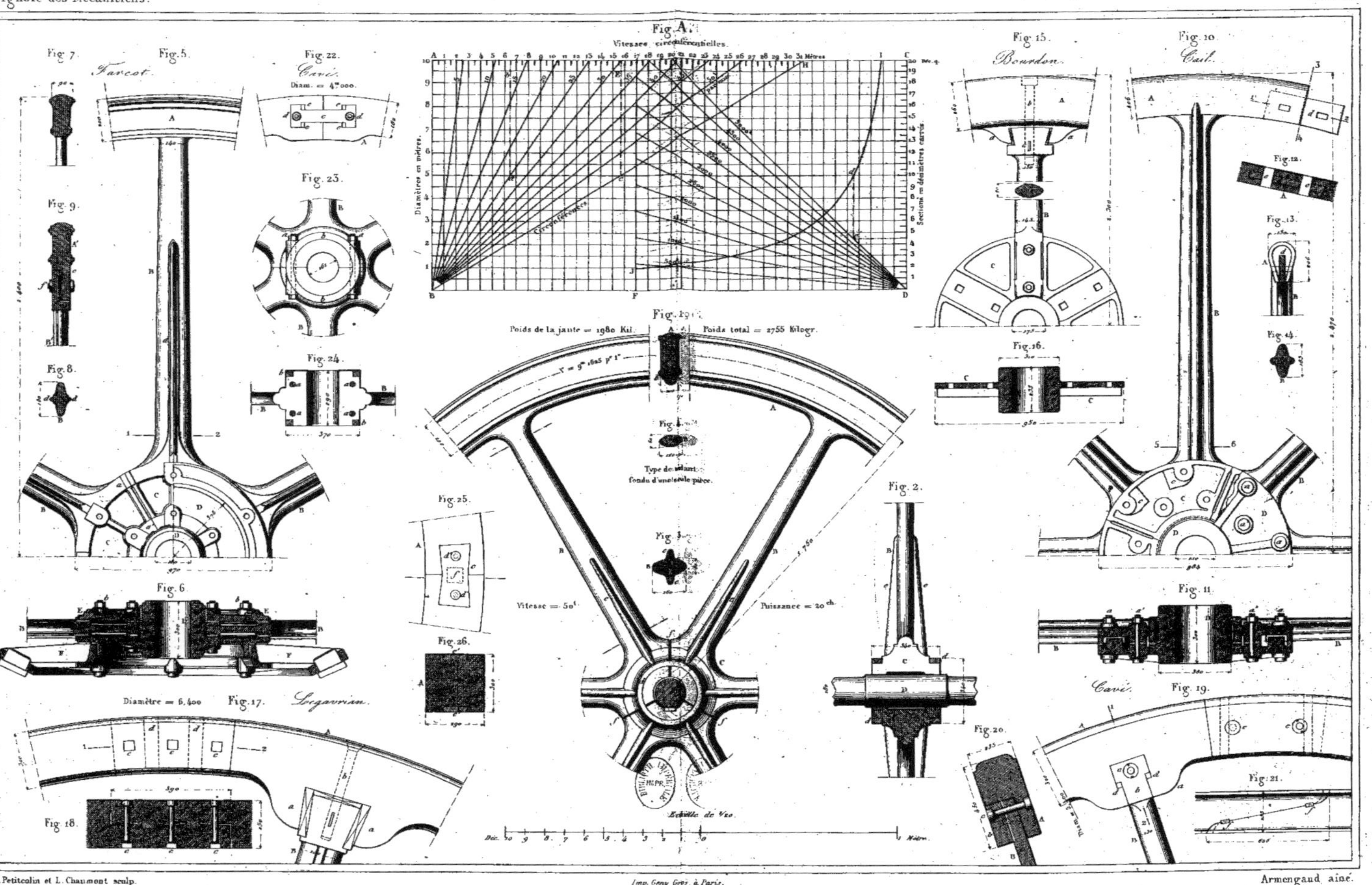
Fig. A.
Vitesses circonférentielles.
Diamètres en mètres.
Sections en décimètres carrés.
Fig. 5. Farcot.
Fig. 7.
Fig. 9.
Fig. 8.
Fig. 6.
Fig. 22. Cavé.
Diam. = 4m000.
Fig. 23.
Fig. 24.
Fig. 25.
Fig. 26.
Fig. 17. Legavrian.
Diamètre = 6,400
Fig. 18.
Poids de la jante = 1980 Kil.
Poids total = 2755 Kilogr.
Type de volant fondu d'une seule pièce.
Vitesse = 50t
Puissance = 20ch
Fig. 2.
Fig. 3.
Fig. 15. Bourdon.
Fig. 16.
Fig. 10. Cail.
Fig. 12.
Fig. 13.
Fig. 14.
Fig. 11.
Fig. 19. Cavé.
Fig. 20.
Fig. 21.
Echelle de 1/20
Déc. Mètre

Fig. 38. Powell. Fig. 39. Fig. 28. Thomas et Laurens. Fig. 27. Fig. 42. Houdouart et Cortiran. Fig. 41.

Fig. 40. Fig. 29. Fig. 30. Fig. 31. Fig. 43. Fig. 44.

Poids de la Jante = 25000 k.

Vitesse à la circonférence = 22 m.

Poids du Croisillon = 7500 k.

Fig. 48. Lecquerrian. Fig. 49. Fig. 33. Colas frères. Fig. 32. Fig. 35. Fig. 36. Gilmer. Fig. 47. Fig. 45. Stéhelin. Fig. 46. Fig. 34. Fig. 37.

Diam. = 5m 600. Diam. = 6m 000.

Echelle de 1/30

L. Chaumont sculp. Imp. Geny-Gros, à Paris. Armengaud ainé.

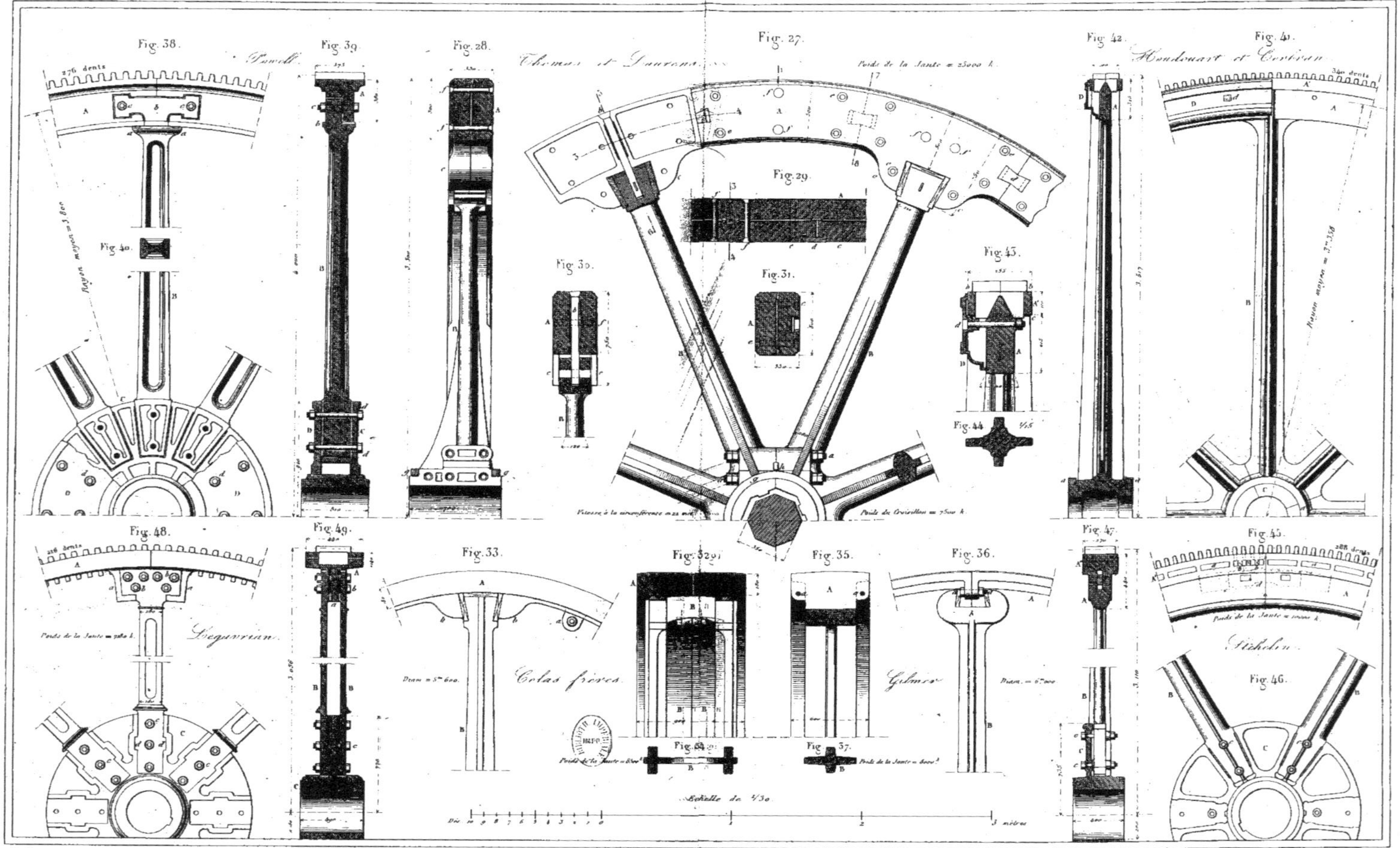

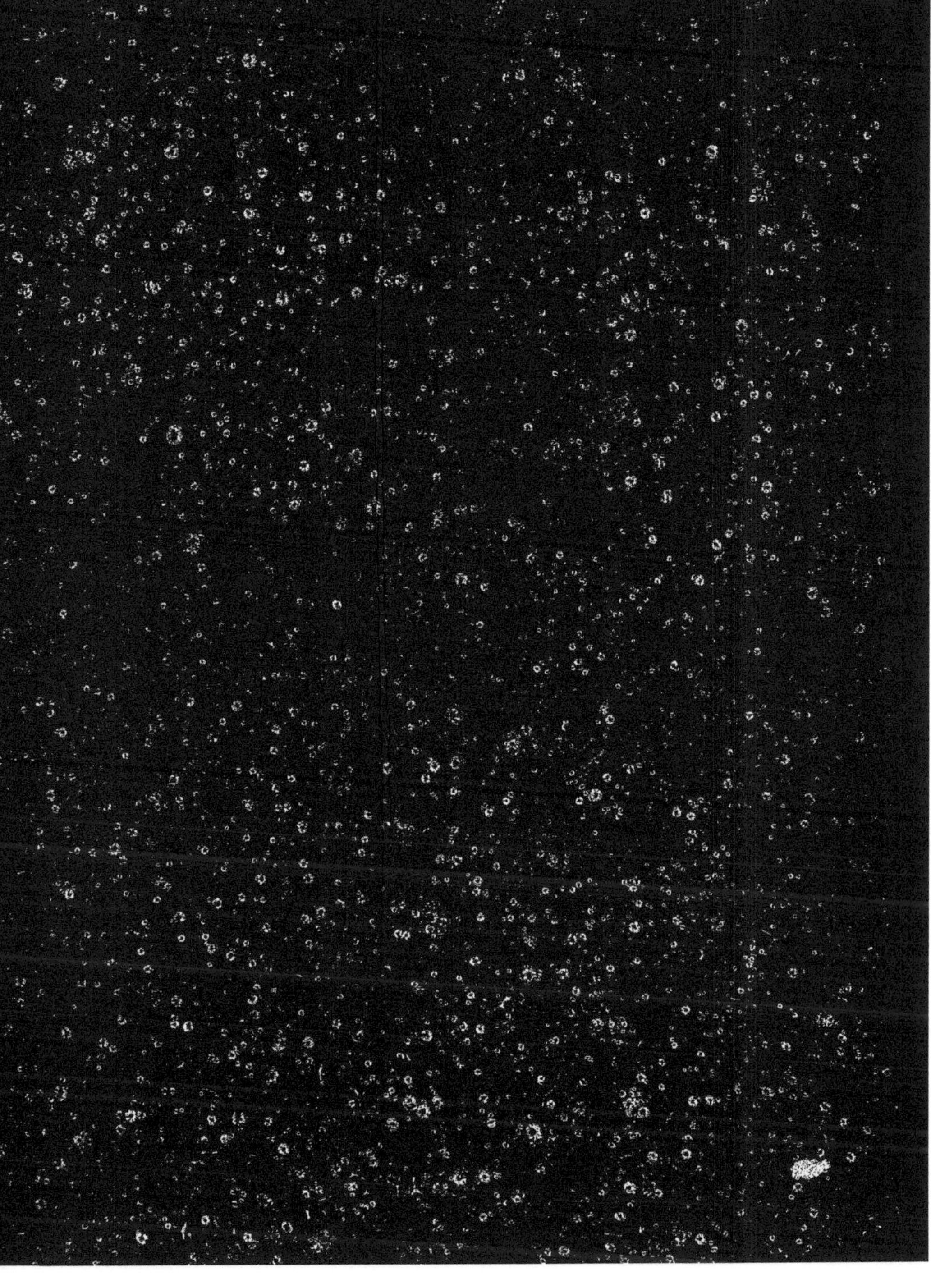

www.ingramcontent.com/pod-product-compliance
Ingram Content Group UK Ltd.
Pitfield, Milton Keynes, MK11 3LW, UK
UKHW021101200726
13857UKWH00003B/1044